十天学会智能车
——基于 Arduino

綦声波　周丽芹　江文亮　郑道琪　王　著　编著

北京航空航天大学出版社

内 容 简 介

本书以开源硬件 Arduino 为技术背景,以创新教育为时代背景,以竞速型智能车为载体,由浅入深地讲述了基于 Arduino 的编程方法及智能车应用。考虑到中小学的智能车教育及普及,特别讲述了基于 ArduBlock 的图形化编程步骤及具体应用。

本教材分为 10 讲,1～6 讲为基础知识,由浅入深地熟悉 Arduino 的硬件和软件平台;7～9 讲为智能车的驱动、检测和调试方法,并用简单的整车实例讲述了智能车的控制思路;第 10 讲为积木化编程,并分别以四轮车和三轮车为例讲解了图形化编程的思路和编程方法,适合于中小学的智能车教学。

本书既可作为低年级大学生学习智能车的培训教材,也可作为中小学生创客创新教育的参考用书。

图书在版编目(CIP)数据

十天学会智能车:基于 Arduino / 綦声波等编著
. -- 北京:北京航空航天大学出版社,2020.3
ISBN 978 - 7 - 5124 - 3272 - 7

Ⅰ. ①十… Ⅱ. ①綦… Ⅲ. ①智能控制—汽车—教材
Ⅳ. ①U46

中国版本图书馆 CIP 数据核字(2020)第 023796 号

版权所有,侵权必究。

十天学会智能车——基于 Arduino

綦声波　周丽芹　江文亮　郑道琪　王　著　编著
责任编辑　董立娟

*

北京航空航天大学出版社出版发行

北京市海淀区学院路 37 号(邮编 100191)　http://www.buaapress.com.cn
发行部电话:(010)82317024　传真:(010)82328026
读者信箱:emsbook@buaacm.com.cn　邮购电话:(010)82316936
涿州市新华印刷有限公司印装　各地书店经销

*

开本:710×1 000　1/16　印张:16.25　字数:346 千字
2020 年 3 月第 1 版　2020 年 3 月第 1 次印刷　印数:3 000 册
ISBN 978 - 7 - 5124 - 3272 - 7　定价:49.00 元

若本书有倒页、脱页、缺页等印装质量问题,请与本社发行部联系调换。联系电话:(010)82317024

前　言

　　未来社会科技发展的大趋势,就是人工智能、机器人、计算机、物联网等。机器人所具有的"能听、能看、能动"的特性吸引了很多人的目光,机器人的分类很多,从它们的用途来说,有工业机器人、服务机器人、水下机器人、军用机器人、农业机器人等。除了外形像人的机器人外,还有一些外形不像人、但在其领域发挥巨大作用的机器人。运动方式也是多种多样,有双足步行的,也有轮式的,本书介绍的智能车属于轮式机器人范畴。

　　智能车竞速比赛是一项观赏性强、参与面广的科技竞赛活动,已经在全国大学生智能车竞赛中得到了广泛的开展,成为自动化及其相关专业大学生最受欢迎的竞赛活动之一。在带领大学生参与智能车竞赛的十几年时间里,我陆续提出了一些智能车竞赛培训理念,例如,"入此门来选择奋斗,出此门去已成大牛"的"奋斗大牛"模式,以及"大一看热闹,大二探门道,大三做主力,大四做指导"的大学四年培养模式等,将智能车竞赛转变为一种具有奋斗、传承、包容、感恩、担当等精神特征的智能车文化,培养了一批又一批优秀的智能车队员。随着智能车影响力的扩大和时间的推移,大一不再满足于仅仅"看热闹",而是想实实在在地参与智能车竞赛活动。但自动化专业的大一学生并不具备专业知识,和其他工科、理课、文科的同学基础是一样的,如何让他们快速入门,感受智能车的乐趣,是摆在每个智能车教育者面前的一道难题。

　　从2017年开始,全国大学生智能车竞赛开始引入中小学组,其简洁直观的积木化编程方式让人耳目一新。2018年我也尝试带领一支高中组的智能车队参加竞赛,竟然意外地获得了山东赛区第一名,并最终以全国第二名的成绩获得高中组全国智能车竞赛一等奖。两名高中生表现出的对智能车的超级喜欢和强大的程序理解能力让我感到惊讶:他们竟然理解了我讲解的PID调节和分段控制,而且编写出了原理相同且改进的程序,并在一个月的连续测试中跑坏了两个舵机,最终用自己换好的第三个舵机及改进后的程序获得佳绩!

　　从这次指导高中组的竞赛过程受到启发,我开始关注中小学生的编程能力需求及培养。苹果公司CEO库克曾透露,在他们公司的APP开发者里,年龄最小的只有9岁。00后和10后的孩子们从小就接触互联网,接触电子设备,拥有天然的优势,与其让孩子沉迷手机,不如让他们早一点拥抱新科技,而编程能力可能在未来会成为一种刚需。2014年,英国强制5~12岁孩子接受编程教育;2015年,美国投了40亿美元,总统奥巴马出面大力推广创客教育;日本计划2020年以后,把编程纳入中小学的必修课。就我国而言,在教育部公布的《2019年教育信息化和网络安全工作要点》中透露,将从2019年开始启动中小学生信息素养测评,并推动在中小学阶段设置人工智能相关课程,逐步推广编程教育。

由此可见,编程需求低龄化已经成为大势所趋,得到了社会认同。在这种形势下,如何开展编程教育就会成为一个焦点。中小学的编程教育不应该是依样画葫芦地学写几行代码,而应该是一种"编程思维"的训练。在日本文部科学省公布的小学新版教学大纲中,将"编程思维"定义为:为了实现自己的意图,通过理性思考确定各个步骤的最优组合并逐步完善,从而逐渐接近最理想的结果。面对智能车这种相对比较复杂的控制问题,可以分解为一个个的小问题,从熟悉开发工具入手,逐渐过渡到电机控制、舵机控制、赛道检测、车速检测等关键问题,找到整车控制与各关键问题之间的关联,从问题的逐一解决中找到答案。

兴趣是最好的老师,而喜欢小车是孩子们的天性,哪个孩子从小没有几辆小车呢?而具有智能特性的小车可以自主识别赛道,并沿着特定的轨道飞速前进,对学生的吸引力很大。为了降低学习难度,通过比较甄别,本书选择了Arduino开源式平台。由于Arduino设计之初的目标人群就是非电子专业尤其是艺术家学习使用的,让他们更容易实现自己的创意,这正符合不同专业大一新生的实际情况;其次,在Arduino软件环境下,可利用积木化编程方式实现对智能车的控制,非常适合中小学生学习使用。

为了降低使用难度,我们开发了基于Arduino Nano的智能车系统,并以套件的方式让学生们组装使用。考虑到学生的基础,根据学生对知识的认识规律,对教学内容进行了精心筛选和安排,先从Arduino本身学起,逐步过渡到智能车的控制。本教材分为10讲,1~6讲为基础知识,由浅入深地熟悉Arduino的硬件和软件平台;7~9讲为智能车的驱动、检测和调试方法,并用简单的整车实例讲述了智能车的控制思路;第10讲为积木化编程,并分别以四轮车和三轮车为例讲解了图形化编程的思路和编程方法,适合于中小学的智能车教学。

随着专业认证及新工科的兴起,智能车竞赛及相关培训在大学里成为让更多学生受益的综合性平台。智能车在中小学中的推广,可以让学生从沉迷手机及电脑的"低头族"转变为积极创新实践的新时代青少年,通过编程训练和动手实践,使智能车赛道成为孩子们展示速度与激情的真正赛场,促进孩子们的身心健康。"给孩子们的梦想插上科技的翅膀,让未来祖国的科技天地群英荟萃,让未来科学的浩瀚星空群星闪耀!"

前　言

最后，我要感谢所有编者，以及青岛宇智波电子科技有限公司的赞助！本教材编著过程中，查阅了众多资料，感谢各位资料的编者及乐于分享的网友！个别参考内容未及时记录，加之编者水平有限，尽管在后期尽量补正，但疏忽和遗漏可能会发生，如发现不妥之处请及时联系编者做出修订，邮箱：qishengbo@ouc.edu.cn 或 jsir416@126.com。

綦声波

2020 年 2 月于青岛

编者寄语

綦声波：Arduino 是一个包含硬件和软件的电子开发平台，具有互助和奉献的开源精神以及团队力量，全世界有无数的使用者和默默的奉献者。智能车是一个可以让更多学生受益的平台，如何让没有学习专业知识的大一新生及中小学生理解并喜欢智能车，本书做了一些尝试。首先，Arduino 设计之初的目标人群就是非电子专业尤其是艺术家学习使用的，让他们更容易实现自己的创意，这正符合不同专业大一新生的实际情况；其次，在 Arduino 软件环境下，可利用积木化编程方式实现对智能车的控制，非常适合中小学生学习使用，这对于中小学正在兴起的创客及创新教育意义重大。

周丽芹：作为一名自动化专业的教师，见证了一届又一届学生从认识智能车到驾驭智能车的学习实践过程，为他们通过智能车平台收获的知识、能力和素质而感到欣慰。作为一名教育工作者，如何为智能车爱好者创造更好的培训指导平台，使他们在轻松学习和实践的体验过程中爱上智能车并快速掌握其应用技术，是我一直在思考的问题。希望此书能够成为广大智能车爱好者的入门学习伙伴，在我们的共同努力下，让飞驰的智能车承载着理想一路向前奔跑！

江文亮：Arduino 是一座通往科技殿堂的桥梁，它连接了电子技术世界与科技爱好者，在全世界拥有大批的粉丝。其最引人入胜的部分在于能够让普通人拥有动手进行电子制作的可能性，以 Arduino 作为电子系统的"大脑"，加上基本的逻辑思维能力和动手能力，即可亲身体会电子产品制作过程"发烧"的快乐，理解电子产品的组成和原理，从而感受到科技的魅力及其带来的纯粹的、充实的、简单的快乐。

郑道琪：Arduino 作为一款便捷灵活、方便上手的开源硬件产品，非常适合单片机编程初学者入门，硬件上丰富的接口，软件上丰富的库，都极大地降低了开发难度。初学者在学习一项新知识时，入门的难度会让大部分初学者失去学习兴趣。而本书站在初学者的角度，事无巨细地将学习细节都展现出来，让初学者没有学习的"拦路虎"，快速掌握 Arduino 的编程技巧及在智能车上的应用。

王著：非常荣幸能够跟大家一起分享 Arduino 与智能车的相关知识。学海无涯，吾生有涯，在美好的青春年华里，有太多的知识需要我们去学习。我是青岛宇智波电子科技有限公司的嵌入式研发工程师，在大学期间曾参加过大学生智能车竞赛，在学习过程中遇到了一系列问题，包括程序、电路、结构等，内容繁琐且不容易学习。本书将会把这一系列问题化繁为简，通过多个简单而有趣的小实验进行讲解，帮助读者一点一点进步！

目 录

第1讲 智能车与创客教育 ... 1
1.1 智能车与智能车竞赛 ... 1
1.1.1 汽车与智能车 ... 1
1.1.2 智能车竞赛 ... 6
1.1.3 中小学智能车竞赛 ... 9
1.2 创客与创客教育 ... 12
1.2.1 创客与创客文化 ... 12
1.2.2 创客教育 ... 12
1.3 开源硬件与Arduino ... 15
1.3.1 开源硬件 ... 15
1.3.2 什么是Arduino ... 15
1.3.3 Arduino的优势 ... 17
1.3.4 Arduino程序开发过程 ... 18
1.4 Arduino硬件的分类 ... 18
1.4.1 Arduino开发板 ... 18
1.4.2 Arduino扩展硬件 ... 22
1.5 Arduino软件环境 ... 24
1.5.1 什么是交叉编译 ... 24
1.5.2 Arduino IDE的安装 ... 24
1.5.3 Arduino IDE的设置 ... 28
1.5.4 第一个示例程序 ... 30
1.6 本讲小结 ... 31

第2讲 Arduino编程基础 ... 33
2.1 Arduino基本要素 ... 33
2.2 变量和数组 ... 34
2.2.1 变 量 ... 34

2.2.2 数　组 ………………………………………………………………… 35
2.3 I/O 口操作 ……………………………………………………………………… 36
　　2.3.1 数字 I/O 口的操作函数 ………………………………………………… 36
　　2.3.2 模拟 I/O 口的操作函数 ………………………………………………… 37
　　2.3.3 高级 I/O 口的操作函数 ………………………………………………… 38
2.4 各种函数 ………………………………………………………………………… 39
　　2.4.1 时间函数 ………………………………………………………………… 39
　　2.4.2 中断函数 ………………………………………………………………… 41
　　2.4.3 串口通信函数 …………………………………………………………… 43
　　2.4.4 库函数 …………………………………………………………………… 47
2.5 本讲小结 ………………………………………………………………………… 48

第 3 讲　点亮一个 LED ……………………………………………………………… 49

3.1 实验器件 ………………………………………………………………………… 49
　　3.1.1 面包板 …………………………………………………………………… 50
　　3.1.2 杜邦线 …………………………………………………………………… 52
　　3.1.3 电阻器 …………………………………………………………………… 53
　　3.1.4 发光二极管 ……………………………………………………………… 54
3.2 点亮一个 LED …………………………………………………………………… 55
　　3.2.1 LED 实验原理图 ………………………………………………………… 55
　　3.2.2 LED 实验电路连接 ……………………………………………………… 55
　　3.2.3 LED 点亮实验程序 ……………………………………………………… 57
　　3.2.4 程序编译下载 …………………………………………………………… 58
　　3.2.5 实验中的问题与解答 …………………………………………………… 59
3.3 按键控制 LED …………………………………………………………………… 62
　　3.3.1 按键电路 ………………………………………………………………… 62
　　3.3.2 程序与理解 ……………………………………………………………… 64
　　3.3.3 实验思考 ………………………………………………………………… 65
3.4 本讲小结 ………………………………………………………………………… 66

第 4 讲　点亮多个 LED ……………………………………………………………… 67

4.1 流水灯实验 ……………………………………………………………………… 67
4.2 数码管显示同一数字 …………………………………………………………… 69
　　4.2.1 认识数码管 ……………………………………………………………… 69
　　4.2.2 程序与理解 ……………………………………………………………… 72
　　4.2.3 思考与实践 ……………………………………………………………… 73
4.3 数码管显示不同数字 …………………………………………………………… 73
　　4.3.1 静态显示和动态显示 …………………………………………………… 73
　　4.3.2 电路连接与程序 ………………………………………………………… 75

  4.3.3 思考与实践 ·· 77
 4.4 本讲小结 ·· 78

第 5 讲 深入理解 Arduino Nano ·· 79

 5.1 单片机与 Arduino ·· 79
  5.1.1 微机与单片机 ·· 79
  5.1.2 AVR 单片机与 Arduino ·· 82
 5.2 ATmega328 特性 ··· 84
  5.2.1 查找芯片数据手册 ·· 84
  5.2.2 芯片的特征 ·· 85
 5.3 ATmega328 的片内外设 ··· 87
 5.4 中断下的按键控制灯 ··· 89
  5.4.1 电路连接 ·· 89
  5.4.2 程序说明 ·· 90
 5.5 定时器下的 LED 闪烁 ··· 91
  5.5.1 定时器及电路连接 ·· 91
  5.5.2 程序说明 ·· 92
  5.5.3 思考与实践 ·· 93
 5.6 蜂鸣器播放音乐 ·· 93
  5.6.1 蜂鸣器及电路连接 ·· 93
  5.6.2 音乐分析 ·· 94
  5.6.3 音乐程序 ·· 96
  5.6.4 思考与实践 ·· 97
 5.7 本讲小结 ·· 98

第 6 讲 Arduino 编程进阶 ·· 99

 6.1 运算符 ··· 99
 6.2 if 语句 ··· 100
  6.2.1 if 条件判断语句的语法 ·· 100
  6.2.2 实验 ··· 100
 6.3 switch 语句 ··· 101
  6.3.1 switch 语句语法 ·· 101
  6.3.2 实验 ··· 103
 6.4 for 语句 ··· 106
  6.4.1 for 语句语法 ··· 106
  6.4.2 实验 ··· 107
 6.5 函数 ·· 107
  6.5.1 函数的封装与调用 ·· 107
  6.5.2 函数示例 ·· 108

| 6.5.3 函数的参数 ································· 109
   6.6 输入输出测试 ····································· 109
       6.6.1 数字 I/O 测试 ······························ 110
       6.6.2 模拟 I/O 测试及呼吸灯 ···················· 110
   6.7 本讲小结 ··· 112

第 7 讲　智能车驱动控制技术 ························ 113

   7.1 电路图 ··· 113
       7.1.1 概　述 ····································· 113
       7.1.2 电路原理图 ································· 114
   7.2 智能车技术概述 ································· 115
       7.2.1 传感器 ····································· 116
       7.2.2 信号处理和运算电路 ······················ 116
       7.2.3 执行机构 ··································· 117
   7.3 Arduino 智能车 ································ 118
       7.3.1 主控板 ····································· 118
       7.3.2 电池与充电器 ······························ 120
       7.3.3 电　机 ····································· 120
       7.3.4 舵　机 ····································· 121
   7.4 主控板电路 ······································· 121
       7.4.1 电源输入接口 ······························ 122
       7.4.2 人机交互电路 ······························ 122
       7.4.3 MOS 管的用法 ····························· 123
   7.5 电机控制 ··· 124
       7.5.1 PWM 与电机调速 ·························· 124
       7.5.2 电机控制与 A4950 ························ 125
       7.5.3 电机驱动中的信号变换电路 ··············· 129
       7.5.4 驱动电机转动 ······························ 131
   7.6 舵机控制 ··· 134
       7.6.1 舵机的控制原理 ···························· 134
       7.6.2 舵机的使用方法 ···························· 135
       7.6.3 舵机控制实验 ······························ 136
   7.7 本讲小结 ··· 138

第 8 讲　智能车检测技术 ····························· 139

   8.1 电磁赛道检测 ···································· 139
       8.1.1 电磁赛道 ··································· 139
       8.1.2 电磁线的磁场分析 ························· 141
       8.1.3 电磁传感器的原理 ························· 142

8.1.4　电磁信号采集电路的分析 …………………………………………… 144
　　8.1.5　ADC 与电磁信号采集 ………………………………………………… 146
8.2　速度检测 …………………………………………………………………………… 146
　　8.2.1　测速基本原理 …………………………………………………………… 146
　　8.2.2　硬件电路连接 …………………………………………………………… 148
　　8.2.3　millis()方式测速 ………………………………………………………… 149
　　8.2.4　定时器方式测速 ………………………………………………………… 152
8.3　本讲小结 …………………………………………………………………………… 155

第 9 讲　智能车调试方法 ……………………………………………………………… 156

9.1　有线串口通信 ……………………………………………………………………… 156
　　9.1.1　常规串口通信 …………………………………………………………… 156
　　9.1.2　采集数据送入计算机显示 ……………………………………………… 157
9.2　无线串口通信 ……………………………………………………………………… 159
　　9.2.1　蓝牙串口模块 …………………………………………………………… 160
　　9.2.2　433M 无线模块 ………………………………………………………… 161
9.3　上位机调试软件 …………………………………………………………………… 161
　　9.3.1　通用软件 ………………………………………………………………… 162
　　9.3.2　专用软件 ………………………………………………………………… 164
9.4　PID 调试 …………………………………………………………………………… 165
　　9.4.1　位置式与增量式 PID 控制算法 ………………………………………… 166
　　9.4.2　PID 参数调节技巧 ……………………………………………………… 167
9.5　四轮车整机程序 …………………………………………………………………… 168
9.6　本讲小结 …………………………………………………………………………… 170

第 10 讲　Arduino 的图形化编程 …………………………………………………… 171

10.1　图形化编程软件 ArduBlock ……………………………………………………… 171
　　10.1.1　ArduBlock 来历 ………………………………………………………… 171
　　10.1.2　打开 ArduBlock ………………………………………………………… 172
10.2　ArduBlock 编程界面 ……………………………………………………………… 174
　　10.2.1　工具区 …………………………………………………………………… 174
　　10.2.2　积木区 …………………………………………………………………… 174
　　10.2.3　编程区 …………………………………………………………………… 181
10.3　使用 ArduBlock 点亮 LED ……………………………………………………… 181
　　10.3.1　电路图 …………………………………………………………………… 181
　　10.3.2　点亮一个开发板上的灯 ………………………………………………… 182
10.4　通用检测 …………………………………………………………………………… 185
　　10.4.1　检测赛道信息 …………………………………………………………… 186
　　10.4.2　驱动电机 ………………………………………………………………… 194

10.4.3　驱动舵机 ………………………………………………………… 199
 10.5　四轮车整车程序 …………………………………………………… 202
  10.5.1　编程思路 ………………………………………………………… 202
  10.5.2　整体程序 ………………………………………………………… 203
  10.5.3　motor 子程序 …………………………………………………… 204
 10.6　三轮车整车程序 …………………………………………………… 205
  10.6.1　编程思路 ………………………………………………………… 205
  10.6.2　整体程序 ………………………………………………………… 208
  10.6.3　子程序 diviationCal …………………………………………… 209
  10.6.4　子程序 motorSpeedLimit ……………………………………… 210
  10.6.5　子程序 serialOutput …………………………………………… 210
  10.6.6　让车跑得更稳 …………………………………………………… 211
 10.7　本讲小结 …………………………………………………………… 214

附录 A　U‑ADO‑F10X 系列智能车套件介绍 ……………………… 215

附录 B　U‑ADO‑F101 智能车组装说明 …………………………… 216
 B.1　所需零部件 ………………………………………………………… 216
 B.2　零部件清单 ………………………………………………………… 217
 B.3　装配说明 …………………………………………………………… 218
  B.3.1　舵机及固定铜柱安装说明 ……………………………………… 218
  B.3.2　转向装置安装说明 ……………………………………………… 219
  B.3.3　驱动装置安装说明 ……………………………………………… 222
  B.3.4　电池盒及电路板安装说明 ……………………………………… 223
  B.3.5　电磁传感器电路板安装说明 …………………………………… 224
  B.3.6　接线说明 ………………………………………………………… 225
 B.4　电路板接口说明 …………………………………………………… 225
 B.5　组装注意事项 ……………………………………………………… 226

附录 C　U‑ADO‑F101 智能车用户手册与常见问题 ……………… 227
 C.1　参数说明 …………………………………………………………… 227
 C.2　使用注意事项 ……………………………………………………… 227
 C.3　常见问题解答 ……………………………………………………… 228
  C.3.1　锂电池维护问题 ………………………………………………… 228
  C.3.2　丝杆与球头断开 ………………………………………………… 228
  C.3.3　电机轴与联轴器松脱 …………………………………………… 228
  C.3.4　调整舵机中值 …………………………………………………… 229
  C.3.5　小车轨迹会偏 …………………………………………………… 229
  C.3.6　两个电机转速不一致 …………………………………………… 231

附录 D　U-ADO-F102 智能车组装说明 ·· 232
　　D.1　零部件外观 ·· 232
　　D.2　零部件清单 ·· 233
　　D.3　装配说明 ··· 234
　　　　D.3.1　电机驱动装置安装 ··· 234
　　　　D.3.2　电池盒及电路板安装 ··· 235
　　　　D.3.3　电磁传感器支架板安装 ··· 236
　　　　D.3.4　全向轮安装 ·· 237
　　　　D.3.5　电磁传感器及其支架安装 ··· 238
　　　　D.3.6　接　线 ··· 239
　　　　D.3.7　整车效果图 ·· 240
　　D.4　电路板接口说明 ·· 241

附录 E　U-ADO-F10X 主控板电路图 ··· 242

参考文献 ··· 243

第1讲 智能车与创客教育

1.1 智能车与智能车竞赛

1.1.1 汽车与智能车

德国人卡尔·本茨从小热爱自然科学,曾在机械厂当学徒。经过多年努力后,1886年1月29日卡尔·本茨研制成功了单缸汽油发动机,并把发动机安装在三轮车架上,发明了第一辆不用马拉的三轮车(现保存在慕尼黑的汽车博物馆),如图1-1所示。奔驰汽车公司获得汽车制造专利权,标志着世界上第一辆汽车诞生。

图1-1 卡尔·本茨和他的第一辆车

自汽车诞生一百多年以来,为改善汽车的使用性能,其机械结构一直处于不断发展和完善的过程中。在经历了近半个世纪的发展后,汽车在机械结构方面已经非常完善,靠改变传统的机械结构和有关结构参数来提高汽车的性能已临近极限。

现在的汽车早已成为机电一体化产品,汽车电子是电子技术与汽车技术的结合。当前,电子控制技术已经广泛应用于汽车的各个方面,组成诸多汽车电子控制系统。

这些汽车电子系统的采用可以全面改善汽车的行驶性能,提高汽车的安全性、舒适性和易操作性。现在的"汽车"是带有一些电子控制的机械装置,将来的"汽车"将转变为带有一些辅助机械的机电一体化装置。汽车的主要部分不再仅仅是个机械装置,它正向消费类电子产品转移。

随着深度学习、模糊控制、神经网络等人工智能理论和技术的发展,现代控制理论、自主导航技术等在智能车辆的研究中也开始逐渐发挥作用,汽车开始走向智能化。同时,对于未来的智能汽车,其自动化技术不再是辅助驾驶员解决一些紧急状况下的部分操作,而是较全面地替代了人。在检测行驶状况、对驾驶操作的决策、尤其是对紧急状况的判别方面,将更突出智能检测、智能决策和智能控制。这样的智能汽车能自动导航、自动转向、自动检测和回避障碍物、自动操纵驾驶,尤其是在装备有智能信息系统的智能公路上(如图1-2所示),能够在充分保证安全车距的情况下以较高的速度自动行驶。

图1-2 智能交通

在国防科技方面,智能车及其相关技术具有重要的应用潜力。美国在《21世纪战略技术》中指出,20世纪地面作战的核心武器是坦克,21世纪很可能是无人战车!其中,"无人战车"就是一种应用于军事领域的智能车。"快速、精确、高效"的地面智能化作战平台是未来陆军的重要力量,无人驾驶车辆将能代替人在高危险环境下(如化学污染、核污染)完成各种任务,在保存有生力量、提高作战效能方面具有重要意义,也是无人作战系统的重要基础。韩国排雷机器人如图1-3所示。

随着汽车向消费类电子产品转移,不少世界汽车巨头和互联网公司都从中看到了巨大的商机,对无人驾驶汽车大力投入进行相关研究。可以预见,未来自动驾驶的智能车会成为人们生活的一部分。

智能车与创客教育

图1-3　韩国 RobHaz_DT3 排雷机器人

有许多人都在乎驾驶的乐趣，但是在更多的时候，人们只不过是想方便地抵达目的地罢了。在这种时候，无须费心劳神驾车，而能够将时间和注意力花在更有价值的事情上，无疑具有相当的诱惑力。如图1-4所示，Google无人驾驶汽车的车顶上装有一个有趣的装置，看起来像是机器人Wall-E的头。它是个雷达，可以探测周围70米内物体，侦测障碍物和其他车辆。安装在驾驶室内的摄像头会识别交通指示牌和信号灯，轮胎附近的传感器可以根据速度和方位推算出汽车当前所在位置，而连接GPS和Google地图的路线系统可以让它找到通往目的地的最快捷道路。

图1-4　Google无人车

梅赛德斯-奔驰的历史悠久，其推出的无人驾驶概念车 F015 Luxury in Motion 把眼光放在了高端的豪华车型上，并提出了"移动的私人会所"的概念。在无人驾驶的状况下,高精度的 GPS 数据配合极准确的 3D 导航地图,可确保它的定位精确到厘米级别。同时,F015 还能在 60 米的距离内识别车道上的行人,而且在 Extended Sense 功能的帮助下,F015 拥有自己的感知、解释和沟通能力。

F015 的高效智能车身启用了新材料和新结构。碳纤维增强塑料(CFRP)、铝和高强度钢材的巧妙结合,使得它能够满足不同的需求,其车身外壳比目前的量产汽车减重 40%。"节能环保"是汽车的发展趋势,F015 的电动混合动力系统的总续航里程可达惊人的 1 100 公里,并做到了真正的零排放。F015 可实现 6.7 秒的静止到百公里加速以及 200 公里/小时的极速。而作为燃料的液氢消耗量仅为 0.6 千克/百公里,足以体现其动力系统的高效与节能。

如图 1-5(a)所示,F015 车内采用了 2+2 座椅布局,其核心理念是可变座椅系统。前排两把座椅可在无人驾驶模式时向后旋转 180°,使前后排乘客可以舒适地面对面零障碍沟通,随时将汽车变为"车轮上的会客室"。在车门打开时,智能电动座椅还能贴心地自动向外转动 30°,使乘客的上下车动作更为便利和优雅。根据车内座椅位置的不同,仪表板、后排以及车门侧面饰板中完美集成了 6 个显示屏幕,使每个座位上的乘客可无死角随时了解车辆信息并与车辆交互,将车内变成了科幻感十足的数码世界。

F015 进一步开发并优化了 LED 技术,其功能不仅限于常规照明功能,更可以与周围环境进行沟通与互动。前后排 LED 光源带的色彩在无人驾驶状态下显示蓝色,在手动驾驶模式下则是白色,后部 LED 矩阵式显示器向后方车辆明确地传达着信息,如 STOP(停止)或 SLOW(减速)等。车头部分的高精度激光投影系统则负责实现与前方环境和行人的沟通。如图 1-5(b)所示,若前方突然出现行人,它也能优雅地停下,并利用激光投射技术在街道上投射出一条临时的人行横道,引导路人安全前行。

(a) 车内布局

(b) 投射出人行横道

图 1-5 F015 无人驾驶概念车

国内的互联网公司不甘落后。2014 年 7 月 24 日,百度对外证实已启动"百度无人驾驶汽车"研发计划。2015 年 12 月 10 日,百度公司宣布,百度无人驾驶车国内首次实现城市、环路及高速道路混合路况下的全自动驾驶。四天之后,百度正式对外宣布成立自动驾驶事业部(L4事业部),并提出三年内实现自动驾驶汽车的商用化,五年内实现量产,十年内改变出行方式。2017年3月1日,百度通过内部邮件宣布,将自动驾驶事业部(L4)、智能汽车事业部(L3)、车联网业务(Car Life etc.)进行整合,成立智能驾驶事业群组(IDG)。

2016年11月乌镇世界互联网大会上,18辆百度无人车首次在全开放城市道路的复杂路况下实现自动驾驶试运营,如图1-6所示。百度创始人、董事长兼CEO李彦宏曾经亲自乘坐百度自动驾驶汽车跑上北京五环。李彦宏认为,汽车智能网联将是一个漫长的过程,要经历基础设施网联化、自动泊车、自动驾驶三个境界。

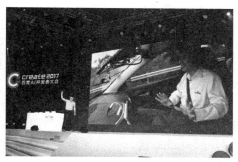

图1-6 百度的无人驾驶车

面对无人驾驶汽车的迅猛发展,作为连续多年世界第一的乘用车生产和销售大国,中国的汽车企业自然雄心勃勃,不少都在新能源汽车、无人驾驶技术等方面进行战略布局。

"这是一个有梦想,又敢于创造条件,实现梦想的人。对于他,似乎没有什么不可能",这是"2009 CCTV中国经济年度人物"评委给吉利汽车董事长李书福的获奖评语。2010年,吉利汽车以18亿美元收购沃尔沃100%股权,上演了一出"蛇吞大象"的好戏,是中国汽车走向世界的标志性事件。后来吉利又收购戴姆勒股份公司9.69%具有表决权的股份后,吉利集团成为戴姆勒最大的股东。吉利控股集团不仅在无人驾驶方面加紧布局,甚至还收购了全球首家飞行汽车企业美国太力的全部业务和资产。按照吉利当时的规划,2019年,全球首款飞行汽车(如图1-7所示)将在美国量产,这将是人类摆脱道路局限、实现空陆一体交通的开始。

作为智能网联的领域之一,无人驾驶汽车是发展最快、前景最大的一个领域。我国的政策层面也不断释放利好,据《北京市自动驾驶车辆道路测试报告(2018年)》中的数据,2018年北京市已为8家企业的56辆自动驾驶车辆发放了道路临时测试牌照,自动驾驶车辆道路测试已经安全行驶超过15.36万公里,到2022年,北京智能网联车辆测试里程将达到2 000公里,这意味着在越来越多的马路上,市民将看到自动驾驶车辆和普通车辆混合行驶。

图 1-7 飞行汽车

1.1.2 智能车竞赛

智能车竞赛分为基于真实车和基于模型车两种。

世界上许多国家都已经有了自行研制开发的无人驾驶汽车,无人驾驶汽车也已经成功地横跨整个美洲大陆。美国国防部高等计划研究署甚至每年都会组织一次挑战赛,奖励那些在复杂路况下表现最好的无人驾驶汽车。这些汽车一般都会有雷达、摄像头、GPS 等工具,从而帮助车辆探知周围的路况,通过卫星导航信号来拟定最近的行程,并且通过计算机视觉的方式来判断障碍物。

我国的智能车未来挑战赛创办于 2009 年,是国家自然科学基金委员会重大研究计划"视听觉信息的认知计算"的重要组成部分。该竞赛目的就是通过在真实物理环境中的比赛交流,检验我国"视听觉信息的认知计算"研究进展,探索高效计算模型,提高计算机对复杂感知信息的理解能力和对海量异构信息的处理效率,以促进该重大研究计划取得更好的进展,促进该重大研究计划的原始创新。

由于真实无人驾驶车的研究投入大,试车过程中存在一些危险因素,用来做大规模的智能车比赛平台显然不太现实。而基于模型车的智能车投资小,可以设计专用跑道进行各种功能测试,集科学性、挑战性、趣味性于一体,其基本原理可以借鉴真实无人驾驶智能车,其研究成果也可以为真实无人驾驶智能车的研究提供参考。

基于模型车的比赛,当前最引人瞩目的就是全国大学生智能汽车竞赛。该项比赛起源于韩国,是韩国汉阳大学汽车控制实验室在当时的飞思卡尔半导体公司资助下举办的以 HCS12 单片机为核心的大学生课外科技竞赛。组委会提供一个标准的汽车模型、直流电机和可充电式电池,参赛队伍要制作一个能够自主识别路径的智能车,在专门设计的跑道上自动识别道路行驶,谁最快跑完全程而没有冲出跑道并且技术报告评分较高,谁就是获胜者。

2000 年智能车比赛首先由韩国汉阳大学承办,每年全韩国有 100 余支大学生队伍参赛,该项赛事受到了众多高校和大学生的欢迎,也逐渐得到了企业界的关注。

这项比赛引入中国后,受到国家层面的重视,并深受相关专业大学生的喜欢,称为"飞思卡尔"杯全国大学生智能汽车竞赛(简称"飞赛")。后来飞思卡尔半导体公司被恩智浦半导体公司收购,该竞赛又称为"恩智浦"杯全国大学生智能汽车竞赛(简称"恩赛")。该竞赛是受教育部高等教育司委托、由教育部高等学校自动化专业教学分委员会指导的赛事,下设秘书处,挂靠清华大学。

该竞赛以"立足培养,重在参与,鼓励探索,追求卓越"为指导思想,旨在促进高等学校素质教育,培养大学生的综合知识运用能力、基本工程实践能力和创新意识,激发大学生从事科学研究与探索的兴趣和潜力,倡导理论联系实际、求真务实的学风和团队协作的人文精神,为优秀人才的脱颖而出创造条件。竞赛组织运行模式贯彻"政府主导、专家主办、学生主体、社会参与"的 16 字方针,充分调动各方面参与的积极性。

2006 年在清华大学综合体育场举行了第一届智能车竞赛,来自于全国 57 所大学的 112 支参赛队伍在模拟赛道上一决胜负。学生制作的智能车如图 1-8 所示。

图 1-8 学生制作的智能车

2007 年在上海交通大学举办了第二届智能车竞赛全国总决赛。由于竞赛队伍增多,本届比赛开始设置分赛区,分为东北赛区、华北赛区、华东赛区、华南赛区和西南赛区。从本年度开始,每届竞赛先进行分赛区竞赛,经选拔后的参赛队才能参加全国总决赛。

2008 年在东北大学举办了第三届智能车竞赛全国总决赛。比赛分两个组别——光电组和摄像头组。竞赛分东北、华北、华东与华南四大赛区进行选拔,西南赛区因汶川地震临时取消,参赛队伍合并到其他赛区。

2009 年在北京科技大学举办了第四届智能车竞赛全国总决赛,分赛区恢复为 5 个赛区,将西南赛区改为西部赛区。本届竞赛增加了创意组的项目表演。

2010 年在杭州电子科技大学举办了第五届智能车竞赛全国总决赛,比赛由 5 大赛区升级为 6 大赛区,增设安徽赛区。本届新设了电磁组的竞赛单元,参赛者需要用电磁器件代替传统的光电和CCD,通过磁感应来进行赛道信息的获取。2008年的汶川大地震给当地的人们带来了巨大的灾难,全国人们团结一心抗震救灾,于是2010年的创意组比赛主题设定为"灾难救援"。

2011年在西北工业大学举办了第六届智能车竞赛全国总决赛,依然沿用了上届的光电组、CCD组和电磁组三种类型,并首次采用飞思卡尔32位微控制器。创意组主题设定为智能交通管理。

2012年在南京师范大学举办了第七届智能车竞赛全国总决赛,从6大赛区升级为8大赛区,增加了山东赛区和浙江赛区。本届电磁组要求两轮着地站立起来跑,通过在赛车中增加陀螺仪和倾角传感器,从而保持赛车的平衡。赛道的宽度从50 cm缩减为45 cm,并且实现了双线判决。

2013年在哈尔滨工业大学举办了第八届智能车竞赛全国总决赛,本届竞赛还邀请了9所境外高校参加。本届竞赛在赛道的路口加入了方向信号灯的判断,大赛逐步向着更加接近真实路况的方向发展。本届的"彩蛋"出现在闭幕式上,智能车竞赛组委会秘书长卓晴老师深情演唱《我和草原有个约定》。

2014年在电子科技大学举办了第九届智能车竞赛全国总决赛,本届的创意赛上,热爱挑战的哈尔滨工业大学的同学展出了自制的独轮自平衡车,并向主办方提出了在未来的竞赛中加入独轮直立组的设想。

2015年在山东大学体育馆隆重举行了第十届智能车竞赛全国总决赛,这是最后一届"飞赛"了,因为飞思卡尔半导体公司正式被恩智浦半导体公司收购,以后的智能车竞赛不能再叫"飞赛"了。本届竞赛首次加入双车追逐的竞赛项目,采用电磁寻迹方式运行。

值得一提的是,飞赛十年,培养了数十万智能车学子,为国家输送了大量优秀人才。时任山东明湖书画院副院长、书法家齐炳和先生撰写了"飞思卡尔冠名巅,车赛十年誉满天;山大倾心迎远客,泉城谱写创新篇"诗词作品,如图1-9所示,并作为礼物赠送举办单位山东大学。当时的山东大学体育馆现场掌声雷动,场面令人感动。在2018年智能车全国总决赛期间的"智能汽车竞赛创新文化展"中,该书法作品作为智能车竞赛文化的组成部分展出。

图1-9 飞赛十年纪念诗

2016年在中南大学举行了第十一届智能车竞赛全国总决赛,本届竞赛设基础类、提高类两个类别共六个赛题组,基础类设光电组、摄像头组、电磁直立组、电轨组四个组别,提高组设双车追逐组和信标越野组;由于信标组的进入,智能汽车竞赛首次有了无赛道比赛模式。

2017年在常熟理工学院举行了第十二届智能车竞赛全国总决赛,竞赛分设竞速组、创意组两个大类,包括光电四轮组、光电直立组、光电追逐组、电磁普通组、电磁节能组、电磁追逐组以及双车对抗组、四旋翼导航组共8个组别,并增加了环岛赛道新元素;同时特别增加了中小学组。

2018年在厦门大学嘉庚学院举办了第十三届智能车竞赛全国总决赛,本次竞赛分为光电四轮组、电磁三轮组、电磁直立组、双车会车组、无线节能组、信标组6个竞速组别,以及创意组和中小学组。

由于智能车竞赛涉及面非常广,从技术上来说,它涉及单片机技术、微机原理、模拟电子技术、数字电子技术、电机拖动、传感器原理与检测技术、电路原理、PID控制、卡尔曼滤波、C语言编程、机械结构、电源技术等,几乎涵盖了自动化专业的方方面面;从非技术角度来说,它涉及竞赛策略、心理学、团队建设与团队精神等诸多方面。因此,智能车竞赛对于参赛队员的锻炼是全方位的。

当前的全国大学生智能汽车竞赛,不仅仅是一种竞赛,在很多方面已经成为了一种智能车文化,它不断激励着智能车科技爱好者追求卓越。

1.1.3　中小学智能车竞赛

全国大学生智能车竞赛自2017年起开始设立中小学组,其流程与大学生组基本相同,先经过赛区选拔,然后参加全国总决赛。比赛分为小学组、初中组和高中组,考虑到中小学生的实际情况,使用了标准车模,且只有竞速类的比赛,没有创意类的比赛。

以2018年山东赛区青少年组选拔赛竞赛规则为例。在白色的赛道上,通过导引黑线引导小车前进。其小学组黑线宽度为9 cm,初中组、高中组黑线宽度为2 cm,黑线在赛道的居中位置,赛道的弯度、弯数等可能不同。小学组、初中组、高中组的赛道难度逐渐增加。

1. 小学组

如图1-10所示,场地长250 cm、宽150 cm,上有椭圆形轨迹,在直道的两侧各放置2个长×宽×高为15 cm×15 cm×25 cm的路标(有一红、一蓝、两黑),路标距离轨迹8 cm,智能车正确识别出路标会加分,赛道中心有一内直径为20 cm的圆形区域作为停车位,圆的边为2 cm宽的轨迹,圆的4个方向有4条宽2 cm的轨迹与赛道相连。

小学组的任务要求为:

下载程序,从发车区发车成功加20分。智能车以程控方式从2号发车区出发,

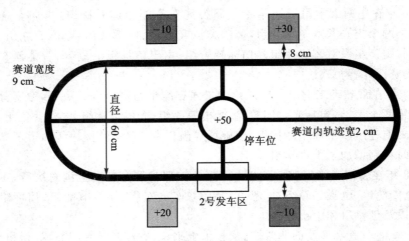

图1-10 小学组的训练赛道

智能车沿黑色轨迹行走,在行走的过程中:

看到红色位置的路标,要求停止 2 s,同时让单片机上的任意一个红色发光二极管至少闪动 4 次,完成此动作加 20 分,然后关灯继续前进;若停止和闪灯动作只完成其一,只得一半分数。

看到蓝色位置的路标,要求停止 2 s,同时让单片机上的任意一个绿色发光二极管至少闪动 4 次,完成此动作加 30 分,然后关灯继续前进;若停止和闪灯动作只完成其一,只得一半分数。

沿赛道走完一周,加 10 分;

完成停车入位(从垂直方向看车体与圆形区域有任意交点,且车体没有动的迹象就算停车成功),加 50 分;

在前进过程中看到黑色位置的路标停止前进,则减 10 分;

当智能车识别到加分的路标时,在距离路标 10 cm 的范围内停止,则成绩有效。如智能车在同一个回合内多次识别到同一个路标,则只进行一次加(减)分。

从 2 号发车区出发到完成停车入位的时间不能超过 3 min。

2. 初中组

初中组的训练赛道(如图 1-11 所示)比小学组的赛道难度有所增加,会有连续小弯,而且中间的黑线宽度为 2 cm,在软件算法上有更多的要求。

其任务要求为:

在直道处设置发车区。比赛过程为车模从发车区出发沿赛道顺时针(或逆时针)跑一圈并回到发车区。在赛道几个位置设置颜色路标,识别到不同路标时做闪灯或者鸣笛动作。闪灯次数和鸣笛时长以裁判能辨识为准,且不能影响后面颜色路标的识别和动作处理。

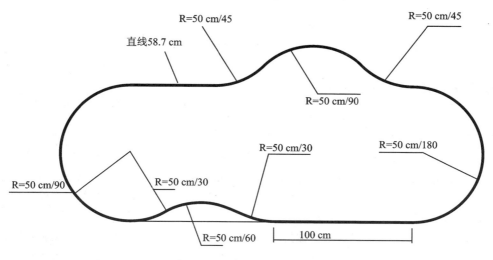

图 1-11 初中组训练赛道

3. 高中组

高中组的训练赛道比初中组进一步增加了难度,如图 1-12 所示,具有了十字交叉、连续弯道等因素,其软件难度与大学生竞赛比较接近了。

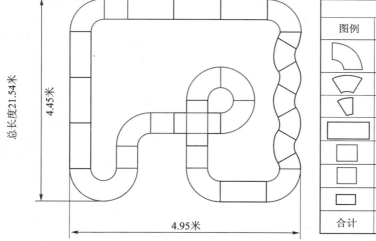

练习赛道		
图例	名称	数量
	R50-90	10个
	R50-60	5个
	R50-30	2个
	L100	7个
	L50	4个
	L45	1个
	L27.5	4个
合计		33个

图 1-12 高中组训练赛道

其任务要求为:

在直道处设置发车区,比赛过程为车模从发车区出发沿赛道顺时针(或逆时针)跑一圈并回到发车区。在赛道几个位置设置颜色路标,识别到不同路标时做闪灯或者鸣笛动作。闪灯次数和鸣笛时长以裁判能辨识为准,且不能影响后面颜色路标的识别和动作处理。

1.2 创客与创客教育

1.2.1 创客与创客文化

在谈创客之前,我们先来认识一下"黑客"和"骇客"。

"黑客"一词来源于"Hacker",其英文解释中,除了"能盗用或偷改计算机中信息的人",还有一个解释是"电脑高手"。原指热心于计算机技术,水平高超的计算机专家,尤其是程序设计人员。真正的"黑客"是建设者,本来是褒义,是技术大牛,可能会在你不知不觉间帮你修补系统和网络的缺陷,如 C 语言及 Unix 之父——丹尼斯·利奇,就被称为超级老牌黑客之一。

但到了今天,"黑客"一词已被用于泛指那些专门利用计算机搞破坏或恶作剧的家伙。对这些人的正确英文叫法是"Cracker",有人翻译成"骇客",即(非法盗取他人文件的)计算机窃贼。"骇客"没有"黑客"精神,也没有道德标准。"黑客"们着重于建设,而"骇客"们着重于破坏。

"创客"一词来源于英文单词"Maker",指的是不以盈利为目标,努力把各种创意变成现实的人。其实就是热爱生活,愿意亲手为生活增添乐趣的一群人。以创客为主体的社区则成了创客文化的载体。

技术的进步、社会的发展,推动了科技创新模式的转变。传统的以技术发展为导向、科研人员为主体、实验室为载体的科技创新活动正转向以用户为中心、以社会实践为舞台、以共同创新、开放创新为特点的用户参与的创新 2.0 模式。创新也不再是少数被称为科学家的人群独享的专利,每个人都可以是创新的主体。

创客文化(Maker culture)兴起于国外,经过一段时间红红火火的发展,如今已经成为一种潮流。创客文化是一种亚文化,是在大众文化当中产生的变种文化。亚文化通常植根于有独特兴趣且抱有执着信念的人群,创客(Maker)正是这样的一群人——他们酷爱科技、热衷亲自实践,并且坚信自己动手丰衣足食。创客文化是 DIY(Do It Yourself)文化的延伸,它在其中糅合了技术元素。

创客运动继承了黑客文化的传统,体现了"开放、共享、分权和对技术的崇拜"核心价值,这就是创客精神的具体阐释。创客也是一种教育文化,鼓励学习者参与其中并针对现实世界的问题探索创造性的解决方案,将学习者培养成为有创客精神的人。

1.2.2 创客教育

经常在一些创客教育报道中提到 STEM 和 STEAM 两个词,这两个词都是组合词,分别是科学(Science)、技术(Technology)、工程(Engineering)、艺术(Art)、数学(Mathematics)的不同组合。它们都是指综合教育,其中,STEAM 比 STEM 多了一个"A",即在 STEM 的基础上添加了"艺术"。

创客教育的突出特点主要表现在五个方面：一是鼓励学生"动手做"，这与近十几年来我国基础教育课程改革一直倡导的科学探究是一致的。第二，鼓励学生完成一件作品，这与典型的科学探究活动有些不同。第三，是鼓励设定综合项目，让学生通过完成一个项目来实施跨学科学习，发展学生的 STEAM 素养。第四，就是开放性与创新性。往往不设定标准答案，而是发挥学生的主动性、创造性，创作出个性化的科技作品。第五，鼓励学生团队合作、沟通交流、分享展示，从而认知技能和非认知技能都得到发展。

现代教育之父杜威所提倡的"做中学"，强调在动手探究的过程中运用知识进行实做验证，正与创客教育的"动手操作、探究式体验"学习方式的理念不谋而合，因此是创客背后的核心理念。

创客教育通过鼓励学生进行创造，在创造过程中有效地使用数字化工具（包括开源硬件、三维打印、计算机、小型车床、激光切割机等），培养学生动手实践能力，让学生在发现问题、探索问题、解决问题中将自己的想法作品化，并具备独立的创造思维与解决问题的综合能力的一种教育方式。

在美国，从政策到实践层面，创客文化已经开始在教育中站稳脚跟。

白宫开始拥抱创客运动是源自奥巴马总统提出的要以创新教育提升学生 STEM（科学、技术、工程、数学）的学习水平。奥巴马在 2009 年的竞选演讲中说到："我希望我们所有人去思考创新的方法，激发年轻人从事到科学和工程中来。无论是科学节日、机器人竞赛、博览会，鼓励年轻人去创造、构建和发明——去做事物的创建者，而不仅是事物的消费者。"

美国政府在 2012 年初就推出了一个项目，即四年内在 1000 所美国中小学校引入"创客空间"，配备开源硬件、3D 打印机和激光切割机等数字开发和制造工具。创客教育已经成为美国推动教育改革、培养科技创新人才的重要内容。

一些学校也意识到他们已经失去了激发学生主动学习的办法，他们开始尝试把创客精神带到学校教育中。过去几年内，美国高校中的学术性创客空间和制造类实验室迅速多了起来。而一些 K12 学校（kindergarten through twelfth grade 的简写，即基础教育）也纷纷尝试在图书馆设立创客空间，或者改装教室，以适应基于项目和实践的学习。

Maker Faire 是美国 Make 杂志社举办的全世界最大的 DIY 聚会。它是一个展示创意、创新与创造的舞台，一个宣扬创客（Maker）文化的庆典，也是一个适合一家人同时参加的周末嘉年华。

参观者在此可全家参与，得到不一样的亲子体验，同时也有专业展品满足创客们的要求，文化人、艺术青年更可以在这里紧贴潮流趋势成为文化先锋。这里可以发现科技、拓宽视野、分享艺术、手工、科学、工程、音乐等领域各种精彩的 DIY 作品。

我国的创客活动起步相对晚一些，但发展比较迅速。一些硬件发烧友了解到国外的创客文化后被其深深吸引，经过圈子中的口口相传，大量的硬件、软件、创意人才聚集在了一起。各种社区、空间、论坛的建立使得创客文化在中国真正流行起来。北京、上海、深圳已经发展成为中国创客文化的三大中心。在中小学创客教育方面,北京、深圳是校内试点、校外购买服务的同步发展模式;而上海主要以构建主题创客实验室为基础,加大科技创新教育的投入。

2010年出现了我国第一个创客空间——上海"新车间"创客空间。经过两三年的努力,创客活动影响逐步扩大。到2013年底,我国的创客活动开始有更广泛的基础——2013年11月中国发明协会主办了首届"中华创客大赛"。

李克强总理在2014年9月的夏季达沃斯论坛上首次发出"大众创业、万众创新"的号召。2015年3月,"创客"第一次被写入政府工作报告,创业浪潮席卷中国经济发展新时期的舞台。十八届五中全会强调的"十三五"五大发展理念中,"创新"被放在第一位。"双创"带动区域转型,成为区域发展重要支点。

我国2015年《教育部十三五规划纲要》提出了探索STEAM教育、创客教育等新教育模式。同年5月,在青岛召开了由联合国教科文组织和教育部共同主办的、有90多个国家和地区参与的"国际教育信息化大会"。大会期间,举办了国内规模最大、最全面的"教育信息化应用展览",从这个展览会的各省市展区中可以看到我国创客教育当前迅速发展的概况及实施现状。

例如,在江苏、浙江展区,可以看到大量学生创作的创客作品(包括各种机器人);在上海展区,可以看到如何利用云手表记录学生的体育锻炼效能,如何利用云厨房教会学生的生活技能,并在此过程中培养学生热爱生活的情感;而在北京展区,除了有不少介绍学生如何利用传感器、单片机开发出可以改善生活的创客作品以外,还可看到丰台区师范学校附属小学的老师如何利用iPad上的软件,让小学四年级学生能够在iPad上自己创作乐曲;北京景山学校还率先在国内开设了涵盖小学、初中和高中的创客教育课程,以便把不同学段的学生都能尽快培养成为创客。

创客教育是一项系统工程,需要从创客环境、创客课程、创客学习、创客文化、创客教师队伍、创客教育组织、创客教育计划等多个方面协同推进。创客教育及STEAM教育已经成为市场最受关注、市场容量巨大及教育变革不可或缺的重要力量。随着国家对创客教育引导力度一次次加大,创客教育迎来了突飞猛进的发展,全国性的创客活动层出不穷。

机器人在创客教育中备受关注,因为其具有的"能听、能看、能动"的特性会吸引很多人的目光。实际上机器人的分类很多,从它们的用途来说,有工业机器人、服务机器人、水下机器人、军用机器人、农业机器人等。除了外形像人的机器人外,还有一些"长得"不像人,但在其领域发挥巨大作用的机器人。运动方式也是多种多样,双足步行的,也有很多其他类型的运动方式,如以轮子作为运动载体的轮式机器人。本书论述的智能车属于轮式机器人范畴。

与其他机器人竞赛不同,智能车竞速比赛是一项观赏性强、参与面广的科技竞赛活动。喜欢小车是孩子们的天性,哪个孩子从小没有几辆车呢?而具有智能特性的小车可以自主识别赛道,并沿着特定的轨道飞速前进,对学生的吸引力更大。学生们通过自己动手组装,并编程调试智能车,然后组队竞赛,不但可以锻炼学生的动手能力,而且可以锤炼他们的团队精神和科技精神,为未来走入更广阔的新天地做好准备。

1.3 开源硬件与 Arduino

1.3.1 开源硬件

众所周知,硬件的学习和开发是有一定难度的,人人都想通过简单的方式实现自己的创意,于是开源硬件应运而生。一般认为,开源硬件是指采取与开源软件相同的方式设计的各种电子硬件的总称,也就是说,开源硬件是考虑对软件以外的领域进行开源,是开源文化的一部分。

开源硬件可以自由传播硬件设计的各种详细信息,如电路图、材料清单和电路板布局数据。通常使用开源软件来驱动开源的硬件系统。本质上,共享逻辑设计、可编程的逻辑器件重构也是一种开源硬件,通过硬件描述语言代码实现电路图共享。硬件描述语言通常用于芯片系统、可编程逻辑阵列,或直接用在专用集成电路中,也称为硬件描述语言模块或 IP cores。通过百度查询"开源硬件",可以看到包括"开源中国"在内的多个搜索结果。

安卓(Android)是开源软件之一,人们可以基于安卓系统编写各种 APP。开源硬件和开源软件类似,通过开源软件可以更好地理解开源硬件,就是在之前已有硬件的基础之上进行二次开发。两者的差别在于,开源软件几乎没有成本,而开源硬件的复制成本较高。另外,开源硬件延伸着开源软件代码的定义,软件、电路原理图、材料清单、设计图等都使用开源许可协议,自由使用分享,完全以开源的方式去授权,避免了以往 DIY 分享的授权问题;同时,开源硬件把开源软件常用的 GPL、CC 等协议规范带到硬件分享领域,为开源硬件的发展提供了规范。

开源硬件平台包括多种,除了 Arduino 外,还有 Raspberry PI(树莓派)、Beaglebone(狗骨头)等,而 Arduino 则是知名度较高的一种,已经形成了较好的软硬件开发生态。

1.3.2 什么是 Arduino

Arduino 开始于 2005 年伊夫雷亚交互设计院(Interaction Design Institute Ivrea)的一个学生项目。当时,学生们基于一个名为 BASIC Stamp 的集成芯片编程,这个集成芯片价格高达 100 美元,这对于学生来说真的太贵了。随后,伊夫雷亚交互设计院的教师 Massimo Banzi 和西班牙的微处理器设计师 David Cuartiellis 以及 Banzi 的学生 David Mellis 设计了 Arduino 开发板。现在,Arduino 是一个开源项目,所有设计资料都可以在其官网免费得到。

Arduino作为一款开源硬件平台,其设计之初的目标人群就是非电子专业、尤其是艺术家,让他们更容易实现自己的创意。当然,这不是说Arduino性能不强、有些业余,而是表明Arduino很简单、易上手。此外,Arduino内部封装了很多函数和大量的传感器函数库,即使不懂软件开发和电子设计的人也可以借助Arduino很快创作出属于自己的作品,可以说Arduino与创客文化就是Arduino的世界。

Arduino不只是电路板,Arduino是一种开源的电子平台,该平台最初主要基于AVR单片机的微控制器和相应的开发软件,目前在国内正受到电子发烧友的广泛关注。自从2005年Arduino腾空出世以来,其硬件和开发环境一直进行着更新迭代。现在Arduino已经有十余年的发展历史,因此市场上称为Arduino的电路板已经有各式各样的版本了。光是Arduino官方目前就提供了超过15个类型的主板,它们具有不同的硬件配置及设计方向,这样可以使主板满足各种电子设计的需求。所使用的AVR芯片包括了ATmega8、ATmega168、ATmega328、ATmega1280以及ATmega2560等。

Arduino开发团队最初正式发布的是Arduino Uno和Arduino Mega 2560,如图1-13所示。

图1-13 最初发布的Arduino开发板

Arduino项目起源于意大利,该名字在意大利是男性用名,音译为"阿尔杜伊诺",意思为"强壮的朋友",通常作为专有名词,在拼写时首字母需要大写。其创始团队成员包括Massimo Banzi、David Cuartielles、Tom Igoe、Gianluca Martino、David Mellis和Nicholas Zambetti 6人。由于Arduino最初是为一些非电子工程专业的学生设计的,设计者最初为了寻求一个廉价好用的微控制器开发板从而决定自己动手制作开发板,所以Arduino一经推出,因其开源、廉价、简单易懂的特性迅速受到了广大电子迷的喜爱和推崇。几乎任何人,即便不懂电脑编程,利用这个开发板也能用Arduino做出炫酷有趣的东西,比如对感测器探测做出一些回应、闪烁灯光、控制电机等。

Arduino的硬件设计电路和软件都可以在官方网站上获得,正式的制作商是意大利的SmartProjects(www.smartprj.com),许多制造商也在生产和销售自己的、与

Arduino 兼容的电路板的扩展板,但是由 Arduino 团队设计和支持的插排需要始终保留着 Arduino 的名字。

所以,Arduino 更加准确的说法是一个包含硬件和软件的电子开发平台,具有互助和奉献的开源精神以及团队力量。

1.3.3 Arduino 的优势

说到开发产品,嵌入式系统设计工程师往往想到的是自己设计印制电路板(PCB),并在自己设计的 PCB 上进行产品的开发。确实,自己设计的电路板可能集成度更高,更加适合自己项目的体积、功耗等要求。但这种自己设计的电路板也有很多问题,首先并不是每个硬件设计者都是专家,设计的 PCB 未必合理,而且焊接和调试过程都是比较费劲的。有时候,我们只想简单地实现某项功能,此时的开源硬件就提供了这种可能,因为开源硬件可以买到成品。这种成品都是大批量生产而且经过焊接测试过的,性能可靠,可以节省大量硬件电路板本身的调试时间。

而且,对于大多数人来讲,可能限于知识、能力等不能制作自己的电路板。而 Arduino 的设计原理和思想则为这些人提供了创造的可能。

首先,Arduino 的入门门槛低,无论是硬件还是软件都是开源的,这就意味着所有人都可以查看和下载其源码、图标、设计等资源,并且用来做任何开发都可以。用户可以购买克隆开发板和基于 Arduino 的开发板,甚至可以自己动手制作一个开发板。但是自己制作的不能继续使用 Arduino 这个名称,可以自己命名一个有个性的名字。

其次,开源意味着所有人都可以下载使用并且参与研究和改进 Arduino,这也是 Arduino 更新换代如此迅速的原因。想想看,全世界的各种电子爱好者使用 Arduino 开发出各种有趣的电子互动产品,有各种各样的论坛可供大家借鉴讨论,你提出的疑问有电子爱好者为你解答,你也可以为他人指点一下。这种开源和共享的结果使得 Arduino 的使用人群越来越扩大。

比如,有人利用 Arduino UNO 做出了自动避障的智能小车,如图 1-14 所示。小车前面的超声波传感器可以感知小车前方障碍物的距离,将距离信息传输给 UNO,UNO 通过内部的程序控制两个电机进行转弯,从而避开障碍物。

图 1-14 基于 Arduino UNO 的智能小车

Arduino 可以和 LED、点阵显示板、电机、各类传感器、按钮、以太网卡等各类可以输出输入数据或被控制的任何东西连接,在互联网上各种资源十分丰富,各种案例、资料可以帮助用户迅速制作自己想要制作的电子设备。

可以将 Arduino 电路板嵌入到自己的产品中，例如，Arduino Nano 体型小巧，可以做出各种精巧的 DIY 作品，图 1-15 为两个基于 Arduino Nano 的产品实例。图 1-15(a)是一个微型履带小车，可以编程规划小车的前进路线，图 1-15(b)为一款六足机器人，通过 Arduino Nano 控制机器人关节的舵机来做出各种动作。

(a) 微型履带小车

(b) 六足机器人

图 1-15 基于 Arduino Nano 的电子作品

1.3.4 Arduino 程序开发过程

Arduino 被设计成一个小型控制器，其内部实际就是一个标准的 AVR 单片机，外加一些必要的电路而成，对外提供标准的数字和模拟引脚，通过连接到计算机进行控制。其开发过程是：

① 设计者根据设计需要连接好电路；
② 将电路连接到计算机上进行编程；
③ 将编译通过的程序下载到控制板中进行观测；
④ 最后不断修改代码进行调试以达到预期效果。

1.4 Arduino 硬件的分类

在了解了 Arduino 的起源、优势及开发过程后，接下来对 Arduino 硬件、开发板以及其他扩展硬件进行初步的了解。

1.4.1 Arduino 开发板

Arduino 开发板设计得非常简洁，一块 AVR 单片机、一个晶振或振荡器和一个 5V 的直流电源。常见的开发板通过一条 USB 数据线连接到计算机，这条 USB 线可以下载程序,也可以为这个核心电路板供电。

Arduino 开发板种类较多,如 Arduino UNO、Arduino Nano、Arduino Ethernet、Arduino Mega 2560 等。由于后面要讲到的智能车用到了 Arduino Nano,这里就以该开发板为例进行讲解。Arduino Nano 是一款应用比较广泛的开发板,如图 1-16 所示,其核心 MCU 是 Atmega328P,两边各有 15 引脚的直插脚,类似于 DIP 标准封装,可以直接插入自制的电路板或者面包板中。

图 1-16 Arduino Nano 开发板

第 2 讲 Nano 有一个复位按键,用来进行程序复位。Nano 板上有 4 个 LED(发光二极管),其中一个电源指示灯,用来指示 Nano 是否正常供电,一个是可以用单片机控制的 LED,还有两个是用来指示串行通信的 LED。当 Arduino Nano 与其他设备之间有数据相互交互时,TX 和 RX 这两个 LED 就会闪烁。

第 3 讲 Nano 可以通过 USB 接口进行程序下载,因为 Nano 电路板上集成了一个 USB 转串口的芯片;当然,也可通过 ICSP 接口连接编程器进行程序下载。

图 1-17 是 Nano 开发板的引脚图,在图中标注出了 Nano 所有引出的可用的引脚,从引脚的名称就可以大体猜测出这些引脚的功能。

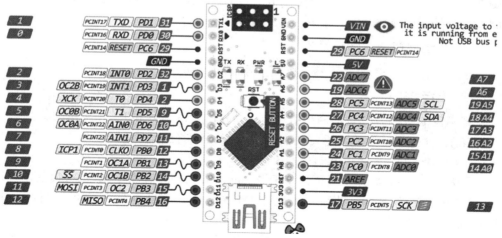

图 1-17 Arduino Nano 开发板引脚图

作为初次接触 Arduino Nano 的读者,不必深究每一个引脚注释的含义,只关注最外围的标注符号即可。从这些标注符号来看,Arduino Nano 的引脚可分为如下几类:

1. 电源相关引脚

GND:电源地端,分别在左排第 4 脚、右排第 2 脚(从 ICSP 端的方向看);
VIN:电源输入端,该引脚可以连接大于＋7 V、小于＋12 V 的电源;
5 V:电源输出端,在 VIN 有输入,或者连接电脑 USB 接口时,输出＋5 V 电源;
3V3:电源输出端,在 VIN 有输入,或者连接电脑 USB 接口时,输出＋3.3 V 电源。

2. 复位引脚

RESET:左边第 3 脚和右排第 3 脚,这是单片机的复位引脚,也可以作为其他功能,初学者可以不必过多关注。

3. 纯数字引脚

引脚 0～13:最外围的标注只有数字的,则代表 Arduino Nano 的数字输入/输出引脚,共有 14 个,数字式的输出只能输出高电平或者低电平。由于 Nano 用的单片机采用 5 V 供电,所以数字输出高电平为 5 V,低电平为 0 V。
在 Arduino Nano 的开发板中,用 D(Digital)字母作为前导表示纯数字引脚,如 D0、D1,但在软件编程中只用数字表示即可。

4. 数字和模拟公用引脚

14|A0、15|A1、16|A2、17|A3、18|A4、19|A5:既可以当作数字引脚,又可以当作模拟引脚。作为数字引脚时,其引脚号是 14～19,可以作为数字逻辑输入输出;作为模拟引脚时,只能当作输入引脚,用 A(Analog)字母作为前导表示模拟引脚,其引脚号分别是 A0～A5,注意,当输入模拟电压时,范围为 0～＋5 V,不能超出这个范围,否则可能损坏开发板。

5. 纯模拟输入引脚

A6、A7:这两个引脚只能输入模拟信号,范围为 0～＋5 V。

6. 串行接口

即标注 RXD 和 TXD 的两个引脚,它们和数字引脚 D0 和 D1 是复用的。

除了上述引脚外,我们还要关注两个端口,分别位于开发板的两端,一个叫做 ICSP,另一个是 Mini USB 接口。

Arduino Nano 的开发板可以基于 Arduino 方式进行程序下载,也可以使用 ICSP 接口进行开发,这为一些高端开发用户提供了方便,Arduino Nano 可以当作一块单片机核心板使用。

ICSP 对应 AVR 单片机的 ISP(在线可编程,In System Programming)技术,IC-

SP 的引脚定义如图 1-18 所示,除了电源 5 V 和 GND 外,还有 4 个引脚,分别是 MOSI(存储器串行输入)、SCK(串行时钟)、RESET(复位)、MISO(存储器串行输出)。所有的 AVR 单片机,从只有 8 个引脚的芯片到高端的 AVR 芯片,都具有这 4 个信号端口,并且都可以以这种方式进行编程。

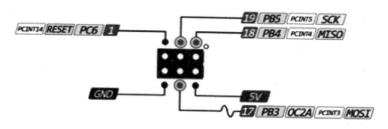

图 1-18 ICSP 接口

Mini USB 接口如图 1-19 所示,可以通过该接口及接口电缆与计算机的 USB 接口相连,为开发板提供电源,并提供程序下载接口。查看 Arduino Nano 的电路原理图就可以看到,电路板中包括了一个 FT232RL 的芯片,这个芯片可以提供 USB 接口和串口之间的转换。

图 1-19 Mini USB 接口与连接线

Arduino Nano 的相关参数如表 1-1 所列。

表 1-1 Arduino Nano 参数

参数名称	参数值
工作电压	5 V
微控制器	ATmega328P
输入电压	7~12 V
数字 I/O 引脚	22 个
PWM 通道	6 个
模拟输入通道(ADC)	8 个
每个 I/O 直流输出能力	20 mA

续表 1-1

参数名称	参数值
3.3 V 端口输出能力	50 mA
Flash	32 KB(其中引导程序占 2 KB)
SRAM	2 KB
EEPROM	1 KB
板载 LED 引脚	D13
时钟速度	16 MHz
长度	45 mm
宽度	18 mm
重量	7 g

1.4.2 Arduino 扩展硬件

与 Arduino 相关的硬件除了核心开发板外,各种扩展板也是重要的组成部分。部分 Arduino 开发板设计为可以安装扩展板,即盾板,如图 1-20 所示。为何叫"盾板"呢？有些(但不是所有的)盾板具有和主开发板一样的外形,一旦插上,它们的全尺寸电路板就会完全盖住下面的开发板,就像盾牌一样保护着下面的电路板,所以称之为"盾板"。

图 1-20　Arduino UNO 与对应的盾板

Arduino 扩展板通常具有和 Arduino 开发板一样的引脚位置,可以堆叠接插到 Arduino 开发板上,进而实现特定功能的扩展。在面包板上接插元件固然方便,但需要有一定的电子知识。而使用扩展板可以一定程度地简化电路搭建过程,从而更快速地搭建出自己的项目。

Arduino 的扩展板,包含其他的元件,如网络模块、GPRS 模块、语音模块、传感器模块等,使用及其方便。使用传感器扩展板时,只需要通过连接线把各种模块接插到扩展板上即可;使用网络扩展板时,则可以让 Arduino 获得网络通信功能。

传感器扩展板是最常用的 Arduino 外围硬件之一,图 1-21 是一种传感器扩展板。

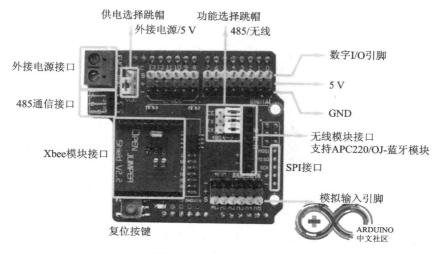

图 1-21 传感器扩展板

通过扩展板转换,各个引脚的排座变为更方便接插的排针。数字引脚和模拟输入引脚边有红黑两排排针,以"+"、"-"号标示。"+"表示 VCC,"-"表示 GND。在一些厂家的扩展板上,VCC 和 GND 可能也会以"V"、"G"标示。

通常,我们习惯用红色代表电源(VCC),黑色代表地(GND),其他颜色代表信号(signal),传感器与扩展板间的连接线也是这样。使用其他模块时,只需要对应颜色将模块插到相应的引脚便可使用了,如图 1-22 所示。

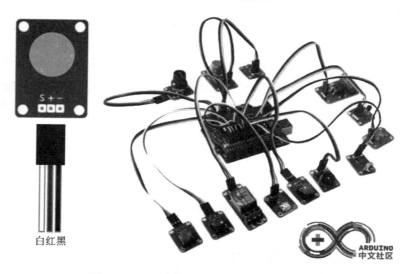

图 1-22 通过传感器扩展板连接其他模块

当然，Arduino 扩展板中还有一种原型扩展板，可以自己在其上焊接搭建电路，从而实现需要的特定功能，如图 1-23 所示。

图 1-23　原型扩展板

1.5　Arduino 软件环境

要使用 Arduino 进行入门级学习，需要从安装 IDE 环境开始逐步进行。

1.5.1　什么是交叉编译

利用 PC 机进行编程时，如在 Windows 操作系统下，利用 C#、Delphi 等开发环境编写软件，编译后直接在 PC 机上运行，不涉及多个平台。但在嵌入式系统开发时，很多嵌入式系统需要在一台 PC 机上编程，将写好的程序下载到开发板中进行测试和实际运行。因此，跨平台开发在嵌入式系统软件开发中很常见。

所谓交叉编译，就是在一个平台上生成另一个平台上可以执行的代码。开发人员在计算机上将程序写好，并编译生成单片机执行的程序，这就是一个交叉编译的过程。编译器最主要的一个功能就是将程序转化为执行该程序的处理器能够识别的代码。

Arduino 开发板上有单片机，而单片机上不具备直接编程的环境，因此利用 Arduino 编程需要两台计算机：Arduino 单片机和 PC 机。这里的 Arduino 单片机叫目标计算机，而 PC 机则被称为宿主计算机，也就是通用计算机。Arduino 用的开发环境被设计成在主流的操作系统上均能运行，包括 Windows、Linux、Mac OS 这 3 个主流操作系统平台。

1.5.2　Arduino IDE 的安装

给 Arduino 编程需要用到 IDE（集成开发环境），这是一款免费的软件，也是由

Java、Processing、AVR – GCC 等开放源代码的软件写成的。在这款软件上编程需要使用 Arduino 的语言,这是一种解释型语言,写好的程序编译通过后就可以下载到开发板中。

在 Arduino 的官方网站可以下载这款官方设计的软件及源码、教程和文档。IDE 官方下载地址为 https://www.arduino.cc/en/main/software。

图 1 – 24 为 Arduino IDE 下载的链接画面。当前的软件版本已经更新到了 Arduino 1.8.9 版本,可以根据自己的操作系统情况下载对应的版本。例如,如果计算机中安装的是 Windows XP 及以上版本,则可以直接安装第一个"Windows intaller, for Windows XP and up",也可以选择全部下载压缩 ZIP 文件再进行安装的方式。如果为苹果电脑,则应该选择 Mac OS X 版本进行相关的安装。

图 1 – 24　Arduino IDE 下载界面

单击相关的安装题目,则弹出一个如图 1 – 25 所示的提示画面。可以看到,右边有一段话,大体意思就是"自从 2015 年 3 月份起,Arduino IDE 被下载了 33 391 397 次,不仅仅用于 Arduino 和 Genuino 板,还有世界上数百的公司在使用该 IDE 来编程他们兼容、克隆甚至仿造的设备。

虽然 Arduino IDE 是共享免费软件,但软件的编写和升级过程却是需要有人投入精力和时间的,相比较那些在 Microsoft、Oracle 等公司拿高薪的软件编程者,Arduino IDE 的软件维护者是一群默默奉献的无名英雄!如果是公司用户,建议捐赠一点,以促进自由软件的进一步发展,使开源软件让更多人受益,可选择"CONTRIBUTE & DOWNLOAD";如果是刚入门者,选择 JUST DOWNLOAD 即可下载。

选择下载 ZIP 压缩包,则可弹出如图 1 – 26 所示的下载界面,可以选择下载存放的位置。

解压缩资料包里的 arduino – 1.8.9 – windows.zip 文件,Arduino IDE 是不需要安装的,解压缩后可以直接使用,双击打开如图 1 – 27 所示的图标,打开 Arduino 开发工具的主界面。这个开发工具叫 sketch。

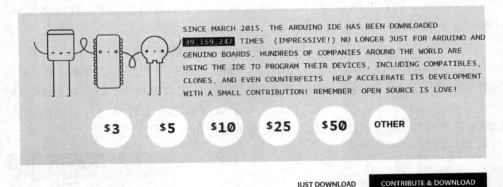

图 1-25 下载 Arduino IDE 的提示界面

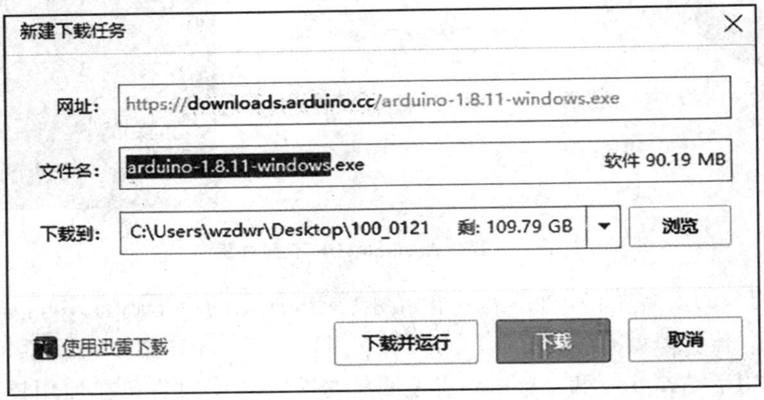

图 1-26 选择下载到的位置

Sketch 的界面如图 1-28 所示，早期的软件为英文菜单，最新的软件具有了中文菜单。整个界面包括菜单栏、工具栏、代码编辑区与状态区。菜单栏中包含软件所有的工具、命令，工具栏中将常用的工具列了出来。代码编辑区是书写程序的地方，状态区则是编译或下载程序时显示结果的区域，提示代码错误或者下载是否成功。状态区下面还有一行显示区域，左边会显示当前光标所在行，右边会显示当前选择的开发板型号和下载端口。

图 1-27 Arduino 开发工具

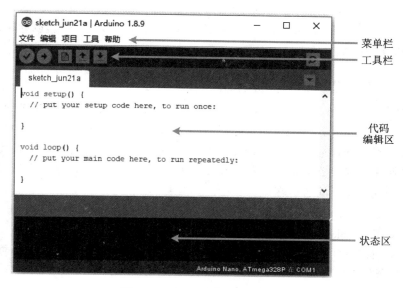

图 1-28　sketch 编程工具界面

Sketch 帮助我们做了些什么？解决这个问题之前，先来了解一下计算机语言的工作原理。

计算机是读不懂进行开发的语言的，那么计算机能够看懂什么语言呢？有经验的读者肯定会说：二进制语言。计算机的脑子只能看懂两个字符，即 0 和 1。可以把通电看成是 1，断电看作是 0。工作起来的状态为 1，不工作的状态为 0。计算机中的数据通过存储器储存起来，处理器通过一串 0 和 1 组成的地址，找到存储器中数据的位置，对数据进行一系列操作，从而有条不紊地完成了各个程序的执行任务。

因此，在 sketch 编程并下载程序到开发板的过程实际上是编译器将程序翻译为机器语言（即二进制语言）的过程，如图 1-29 所示。

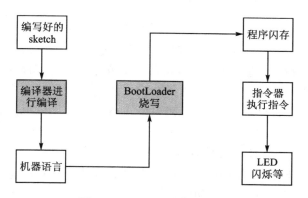

图 1-29　sketch 所做的工作

在 sketch 中，找到"示例"选项，内有大量可供参考的例程，通过英文注释可以了解其基本意思。如果要用相关编程内容，则可以在原有代码上进行修改和拼接，即可实现所需的功能。

1.5.3 Arduino IDE 的设置

首次使用 Arduino IDE 时，需要将 Arduino 开发板通过 USB 线连接到计算机，计算机会为 Arduino 开发板安装驱动程序，并分配相应的 COM 端口，如 COM1、COM2 等。不同的计算机和系统分配的 COM 端口是不一样的，所以安装完毕要在计算机的硬件中查看 Arduino 开发板被分配到了哪个 COM 口。这个端口就是计算机与 Arduino 开发板的通信端口。

第一步，需要将 Arduino 开发板通过 USB 转接线连接到 PC 机的 USB 端口上。这一步非常重要，如果不连接 Arduino 开发板，则可能看不到这个 COM 口。

第二步，右击"此电脑"，在弹出的级联菜单中选择"管理"，在弹出的界面中选择"设备管理器"，在其"端口（COM 和 LPT）"中会看到"USB - SERIAL CH340 (COM3)"，如图 1-30 所示，表示该端口是 COM3 端口。

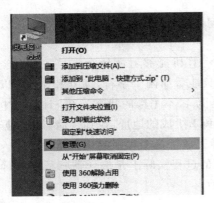

图 1-30　查看串口

有的计算机可能不能自动安装成功，则需要下载 Arduino USB 驱动并安装。若下载驱动也安装不成功，则可以将 Arduino 开发板通过下载线插在计算机 USB 口，使用驱动精灵等软件辅助安装。

Arduino 开发板的驱动安装完毕，则需要在 Arduino IDE 中设置相应的端口和开发板类型。方法如下：在 Arduino 集成开发环境启动后，选择"工具→端口"菜单项进行端口设置，设置为计算机硬件管理中分配的端口。注意，该端口也需要在连接 Arduino 开发板后进行，否则"端口"为灰色不可设置状态。在图 1-31 中该选择为 COM3，与图 1-30 中的端口号相吻合。

然后，在菜单栏中选择"工具"→"开发板"菜单项，选择 Arduino 开发板的类型，

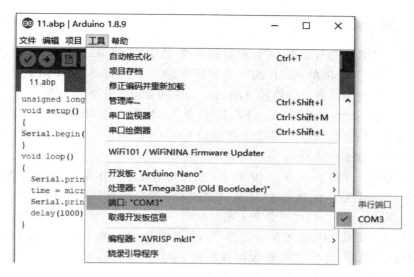

图 1-31 选择端口

如图 1-32 所示,本实验使用了 Arduino Nano,则选择对应开发板。注意,开发板千万不能选错,否则后面实验中会出现奇怪的问题。

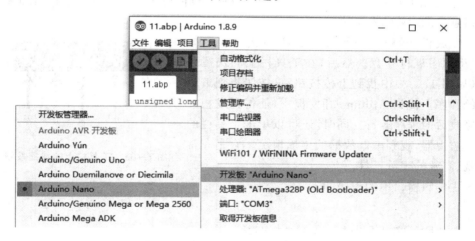

图 1-32 选择开发板

Arduino IDE 1.8.9 版本中还有一个处理器选项,分别是 ATmega328P、ATmega328P(Old BootLoader)、ATmega168 选项。由于最早的 Nano 版本的主控是 ATmega168,后来改为 ATmega328P,但内部 BootLoader 的版本不同,新软件为了兼容这 3 种开发板,故设置了这 3 个选项。在不知道新版本和旧版本的情况下,如果选择了 ATmega328P,却发现下载过程中出现问题,则可以替换为 ATmega328P (Old BootLoader)试试,可能会迅速解决问题。

1.5.4 第一个示例程序

Arduino IDE 中带有很多示例,包括基本的、数字的、模拟的、控制的、通信的、传感器的、显示的、字符串的、USB 的等。下面介绍一个最简单、最具有代表性的例子——Blink,以便于读者快速熟悉 Arduino IDE,进而开发出新的产品。

选择"文件→示例→01.Basic→Blink"菜单项,即可在主编辑窗口出现可以编辑的程序。这个 Blink 范例程序的功能是控制 LED 的亮和灭。在 Arduino 编译环境中是以 C/C++的风格来编写的。

程序的前几行是/*...*/中的内容,主要介绍程序的作用、在不同开发板中的引脚连接以及产品版本信息等;然后是 Arduino 的两个函数,即 void setup()和 void loop()。void setup()中的代码会在上电时执行一次,void loop()中的代码会不断重复执行。LED_BUILTIN 在不同开发板中所对应的引脚号是不同的,Arduino Nano 开发板的这个引脚号为 13。在新版本 IDE 中,一旦开发板确定,编译器会根据当前的开发板来确定 LED_BUILTIN 对应的引脚。

程序中用到了一些函数,pinMode()用来设置引脚为输入(INPUT)还是输出(OUTPUT);delay()用来设置延迟的时间,单位是 ms;digitalWrite()用来向 LED 变量写入 HIGH 或者 LOW,使得第 13 引脚 LED 的电平发生变化,这样 LED 就会根据延迟的时间交替地亮和灭。

完成程序编辑之后,在工具栏中找到存盘按钮,将程序进行存盘。然后,在工具栏上的快捷按钮(见图 1-33)中找到上传按钮,该按钮将把编辑后的程序上传到 Arduino 开发板中,使得开发板按照修改后的程序运行。同时,还可以单击工具栏的串口监视器,观察串口数据的传输情况。它是非常直观、高效的表示工具。

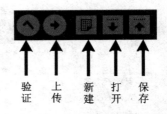

图 1-33 工具栏上的快捷按钮

主编辑窗口中的程序如下:

```
/*
在按下复位键或上电时,setup()函数只运行一次
*/
void setup()
{
    //初始化 LED_BUILTIN 引脚为输出,即 Arduino Nano 的第 13 脚
    pinMode(LED_BUILTIN, OUTPUT);
}
/*
Loop()函数不断重复运行
*/
```

```
void loop()
{
  digitalWrite(LED_BUILTIN, HIGH);      //开 LED(高电平)
  delay(1000);                          //等待 1 s
  digitalWrite(LED_BUILTIN, LOW);       //关 LED(低电平)
  delay(1000);                          //等待 1 s
}
```

下载成功后可以看到,与 POWER 灯相邻的灯在不断闪烁,每过 1 s 转换一次亮和灭。读者可以试着改变一下 delay()函数中的参数,将 1 000 改为较小的数,如 300,重新编译,上传编译后的结果,看看闪烁的频率是快了还是慢了。

在这个程序中,我们看到了"//"和"/*   */"符号。这两个符号是注释符号,凡是一行中"//"后面的字符都是注释字符,在"/*   */"中间的字符也是注释字符。编译器遇到注释字符时,不会去编译这些注释字符,只是正确而高效地处理真正的代码。

在这样的注释中,你可以写任何东西,可以描述编程想法,给自己的程序起个外号。为什么需要这些注释呢?试想一下,如果你在做一个比较复杂的项目,连续编程调试了三个月,终于调试成功了。再过半年后,项目需要添加新的功能,但你却记不起来当初的编程思路了:"我当时究竟是怎么想的"?面对神秘的程序代码你要么一筹莫展,要么重新做一遍,又浪费了大量时间。再试想一下,如果有人对你的设计感兴趣,当你把一大堆没有任何注释的代码拿给别人看的时候,那对方可能会完全看懵圈了!

这个程序中还看到了一些空格,如缩进、注释对齐等。程序中的空格(whitespace)有助于可视地分隔和定义牵涉其中的不同元素。如果空格有助于理解程序员编写程序时的想法和目的,它就是好的。空格打散了单调乏味或令人费解的文本块,把它们变成句子、段落、对联和诗词,使得程序易于理解。

不用注释、空格和缩进会怎样呢?我们来看一下前面 Blink 例程:

```
void setup(){pinMode(LED_BUILTIN, OUTPUT);}
void loop() {digitalWrite(LED_BUILTIN,HIGH);delay(1000);digitalWrite(LED_BUILTIN,LOW);delay(1000);}
```

这两个程序在编译器"眼中"是一模一样的:编译出完全相同大小的文件,运行起来也完全一样。但是在你的眼中,你更愿意维护哪个呢?你的合作者更喜欢哪个呢?答案是不言而喻的。如果自己的举手之劳可以给别人和自己带来方便,则先从写好程序注释和注意程序格式开始吧,良好的编程风格也是一种美德!

1.6 本讲小结

本讲讲述了汽车的发展历史以及智能无人驾驶车的发展现状,并就当前的大学生智能车竞赛的历史和特点进行了介绍。对于智能车的组成来说,其传感器、信号处理和运算电路、执行机构是智能车的三大组成部分。创客、创客文化、创客教育及开源硬件是一脉相承的,Arduino是开源硬件的重要分支,有开发板和扩展板。Arduino的开发需要用到交叉编译,对Arduino IDE的安装和设置的过程进行了描述,并用LED灯闪烁的例子来讲述程序的编译、下载和运行过程。

第 2 讲

Arduino 编程基础

Arduino 编程语言是建立在 C/C++语言基础上的,即以 C/C++语言为基础,把 AVR 单片机(微控制器)相关的一些寄存器参数设置等进行函数化,以利于开发者更加快速地使用。其主要使用的函数包括数字 I/O 操作函数、模拟 I/O 操作函数、高级 I/O 操作函数、时间函数、中断函数、通信函数和数学库等。

2.1 Arduino 基本要素

关键字:if、if...else、for、switch、case、while、do...while、break、continue、return、goto。

语法符号:每条语句以";"结尾。注意,不是中文的分号(全角),一定要用英文(半角)。每段程序以"{}"括起来。

数据类型:boolean、char、int、unsigned int、long、unsigned long、float、double、string、array、void。

常量:

HIGH 或者 LOW,表示数字 I/O 口的电平,HIGH 表示高电平(1),LOW 表示低电平(0);

INPUT 或者 OUTPUT,表示数字 I/O 口的方向,INPUT 表示输入(高阻态),OUTPUT 表示输出(AVR 能提供 5 V 电压,40 mA 电流);

TRUE 或者 FALSE,TRUE 表示真(1),FALSE 表示假(0)。

程序结构:主要包括两部分,即 void setup()和 void loop()。其中,前者是声明变量及引脚名称,在程序开始时使用,用来初始化变量和引脚模式、调用库函数等;后者用在函数 setup()之后,不断地循环执行,是 Arduino 的程序主体。

注意,上述的基本要素虽然简单,但实际使用中还是很容易出错的。例如,编译器发现的大多数语法错误都是简单的标点符号问题导致的,比如漏了分号或者括号不配对,或者该用半角时用了全角等。面对满屏的错误,应该首先检查这些细节。检查错误时要从第一条错误信息开始,很可能就是它引起了其后的一连串错误。

2.2 变量和数组

2.2.1 变 量

变量来源于数学,是计算机语言中能储存计算结果或者能表示某些值的一种抽象概念。通俗来说可以认为是给一个值命名。当定义一个变量时,必须指定变量的类型。

1. 变量的声明

如果变量是整数,这种变量称为整型(int)。如果要定义一个名为 LED 的变量值为 11,变量应该这样声明:

```
int led 11;
```

一般变量的声明方法为"类型名 变量名 变量初始化值"。变量名的写法约定为首字母小写,如果是单词组合,则中间每个单词的首字母都应该大写,如 ledPin、ledCount 等,一般把这种拼写方式称为小鹿拼写法(pumpy case)或者骆驼拼写法(camel case)。

注意,变量名称的第一个字符不能用数字,也不能用一些特殊的符号,最好是字母。

2. 变量的作用范围

变量的作用范围又称为作用域,变量的作用范围与该变量在哪儿声明有关,大致分为如下两种。

① 全局变量:若是在程序开头的声明区或是在没有大括号限制的声明区进行声明的,则所声明的变量作用域为整个程序。即整个程序都可以使用这个变量代表的值或范围,不局限于某个括号范围内。

② 局部变量:若是在大括号内的声明区声明的变量,则其作用域将局限于大括号内。若在主程序与各函数中都声明了相同名称的变量,当离开主程序或函数时,该局部变量将自动消失。

3. 魔 数

使用变量还有一个好处,就是可以避免使用魔数。在一些程序代码中,代码中出现但没有解释的数字常量或字符串称为魔数(magic number)或魔字符串(magic string)。魔数的出现使得程序的可阅读性降低了很多,而且难以维护。如果在某个程序中使用了魔数,那么在几个月(或几年)后将很可能不知道它的含义是什么。

为了避免魔数的出现,通常会使用多个单词组成的变量来解释该变量代表的值,而不是随意给变量取名。同时,理论上一个常数的出现应该对其做必要的注释,以方便阅读和维护。在修改程序时,只须修改变量的值,而不是在程序中反复查找令人头痛的魔数。

2.2.2 数　组

数组是一种可访问的变量的集合。Arduino 的数组是基于 C 语言的,实现起来虽然有些复杂,但使用却很简单。

1. 数组的定义与声明

数组的声明和创建与变量一致,下面是一些创建数组的例子。

```
arrayInts [6];
arrayNums [] = {2,4,6,8,11};
arrayVals [6] = {2,4,-8,3,5};
char arrayString[7] = "Arduino";
```

可以看出,Arduino 数组的创建可以指定初始值;如果没有指定,那么编译器默认为 0。同时,数组的大小可以不指定,编译器在检查时会计算元素的个数来指定数组的大小。在 arrayString 中,字符个数正好等于数组大小。

注意,在声明时元素的个数不能够超过数组的大小,即小于或等于数组的大小。

2. 数组的赋值

在创建完数组之后,可以指定数组的某个元素的值。

数组是从零开始索引的,也就是说,数组初始化之后,数组第一个元素的索引为 0。如上例所示,arrayString[0]为"A",即数组的第一个元素是 0 号索引,并依此类推。这也意味着,在包含 10 个元素的数组中,索引 9 是最后一个元素。因此,在下个例子中:

```
int intArray[10] = {1,2,3,4,5,6,7,8,9,10};
```

intArray[0]的数值为 1,intArray[9]的数值为 10,intArray[10]是无效的索引,它将会是任意的随机信息(内存地址)。

因此,访问数组时应该注意。如果访问的数据超出数组的末尾(如访问 intArray[10]),则将从其他内存中读取数据。从这些地方读取的数据,除了产生无效的数据外,没有任何作用。

就像向邻居家扔石头是一样的,你不知到底会砸到人还是砸到树,也许碰巧扔到了空地上,暂时不会产生严重后果。所以向随机存储器中写入数据绝对是一个坏主意,通常会导致一些意外的结果,如导致系统崩溃或程序故障。

顺便说一句,Arduino 的编程语言类似于 C 语言,不同于 Basic 或 Java,C 语言编译器不会检查访问的数组是否大于声明的数组。

2.3 I/O口操作

2.3.1 数字I/O口的操作函数

1. pinMode(pin, mode)

pinMode，用于设置引脚模式的，它有两个参数：

pin 是引脚，需要设置哪个引脚就把哪个引脚的标号写在这。例如，要设置D5，则就直接在pin的位置上写5就可以了。

mode 是模式，模式可以选择 INPUT、OUTPUT 或者 INPUT_PULLUP。INPUT 是输入模式，OUTPUT 是输出模式，INPUT_PULLUP 是输入上拉模式。这里控制 LED 只要把引脚设置成输出模式就可以了。

例如，设置 D5 为输出模式：

```
pinMode(5,OUTPUT);
```

注意，设置引脚模式一般设置一遍就可以了，这样需要把 pinMode 函数放在 setup()函数里，将引脚初始化一遍。

2. digitalWrite(pin, value)

digitalWrite 是将数字输出模式下的引脚设置为高电平或者低电平。pin 参数与 pinMode 相同，都是引脚号；value 是引脚状态，可选为 HIGH 或者 LOW。

例如，设置 D5 为高电平输出：

```
digitalWrite(5,HIGH);
```

注意，使用此函数之前需要把引脚进行初始化，并且 D5 高电平输出时是输出 5 V，低电平输出是 0 V。

3. digitalRead(pin)

该函数在引脚设置为输入的情况下，可以获取引脚的电压情况：HIGH（高电平）或者 LOW（低电平），其中，pin 为引脚标号。

程序举例：

```
int ledPin = 13;           //LED 连接数字引脚为 13
int inPin = 7;             //按钮连接在数字引脚 7
int val = 0;               //存放读到值的变量
void setup()
{
  pinMode(ledPin, OUTPUT); //设置数字引脚 13 作为输出
  pinMode(inPin, INPUT);   //设置数字引脚 7 作为输入
```

```
}
void loop()
{
    val = digitalRead(inPin);         //读输入引脚
    digitalWrite(ledPin, val);        //将读到的按钮值作为 LED 显示值
}
```

2.3.2 模拟 I/O 口的操作函数

1. analogReference(type)

该函数用于配置模拟引脚的参考电压。它有 3 种类型:DEFAULT 是默认模式,参考电压是 5 V;INTERNAL 是低电压模式,使用片内基准电压源 2.56 V;EXTERNAL 是扩展模式,通过 AREF 引脚获取参考电压。

注意,若不使用该函数,默认是参考电压 5 V。若使用 AREF 作为参考电压,须接一个 5 kΩ 的上拉电阻。

2. analogRead(pin)

该函数用于从指定的模拟接口读取数值,其中,pin 表示所要获取模拟量电压值的引脚,返回值为 int 型。其精度为 10 位,返回值为 0～1 023。

注意,函数参数 pin 的取值是 0～5,对应开发板上的模拟口 A0～A5,也可能是 6、7,视开发板上的模拟口情况而定。

3. analogWrite(pin, value)

该函数是以 PWM(Pulse-Width Modulation,脉冲宽度调制)的方式在引脚上输出一个模拟量。PWM 是指在一个脉冲的周期内高电平所占的比例,主要应用于 LED 亮度控制、电机转速控制等方面。

Arduino 中 PWM 的频率约为 490 Hz,Nano 开发板支持以下数字引脚(不是模拟输入引脚)作为 PWM 模拟输出:3、5、6、9、10、11。开发板带 PWM 输出的都有"～"号。注意,PWM 输出位数为 8 位,即 0～255。

模拟 I/O 口的操作函数使用例程如下:

```
int ledPin = 9;                //LED 连接到数字引脚 9
int analogPin = 3;             //电位计连接到模拟引脚 3
int val = 0;                   //存储读取值的变量
void setup()
{
    pinMode(ledPin, OUTPUT);   //设置引脚为输出
}
void loop()
{
```

```
val = analogRead(analogPin);   //读输入引脚
analogWrite(ledPin, val / 4);//analogRead 读出的值 0～1 023,analogWrite 写入值
                             //0～255
}
```

2.3.3 高级 I/O 口的操作函数

1. tone(pin, frequency)和 tone(pin, frequency, duration)

tone 函数有两种表现形式,都可以产生固定频率的 PWM 信号来驱动蜂鸣器发声,Tone 函数的参数 pin 为引脚号,frequency 为该引脚产生 PWM 的频率,duration 参数为产生信号的时间,单位是 ms。

例如:

tone(2,1000)——在 D2 引脚上产生 1 kHz 的 PWM 信号,信号产生后一直存在;

tone(2,1000,500)——在 D2 引脚上产生 1 kHz 的 PWM 信号,500 ms 后停止输出;

Tone 在一个引脚上产生一个特定频率的方波(50%占空比)。持续时间可以指定,若没有指定持续时间,则会一直持续到调用 noTone()函数为止。

2. noTone(pin)

当使用 tone(pin,frequency)函数后会在引脚上不停地产生信号,当需要停止输出时就需要调用 noTone 函数了。

3. shiftOut(dataPin, clockPin, bitOrder, value)

shiftOut 函数能够将数据通过串行的方式在引脚上输出,相当于一般意义上的同步串行通信,这是控制器与控制器、控制器与传感器之间常用的一种通信方式。

描述:以串行的方式输出一个字节,每次输出 1 位。

dataPin:输出每一位的引脚;

clockPin:当 dataPin 被设置为正确的值后,该引脚触发一次;

bitOrder:输出位序,其值为 MSBFIRST((Most Significant Bit First)或者 LSB-FIRST(Least Significant Bit First);

Value:输出的数据(字节)。

4. byte incoming=shiftIn(dataPin, clockPin, bitOrder)

将一个数据的一个字节一位一位地移入。从最高有效位(最左边)或最低有效位(最右边)开始。对于每个位,先拉高时钟电平,再从数据传输线中读取一位,再将时钟线拉低。

描述:移位一个字节的数据,每次一位。

dataPin:每次一位的输入引脚;

clockPin:该引脚触发一次代表从 dataPin 引脚读一次;

bitOrder:该顺序代表输入的顺序为 MSBFIRST 还是 LSBFIRST;

Returns:读到的数据(字节)。

5. pulseIn(pin,value)和 pulseIn(pin,value,timeout)

该函数用于读取引脚脉冲的时间长度,脉冲可以是 HIGH 或者 LOW。如果 value 是 HIGH,则该函数先等引脚变为高电平,然后开始计时,直到变为低电平停止计时。返回值是脉冲持续的时间,单位是 ms。如果在一个规定的时间内(timeout)没有脉冲开始,则放弃检测并返回 0。这个函数可以用来检测超声波测距模块输出的信号。

注意,timeout 是可选项,以 ms 为单位,如果在规定的时间内未读到值就会返回 0,默认值为 1 s。

pin:等待读脉冲的引脚号;

value:或者为 HIGH 或者为 LOW;

timeout(可选项):等待脉冲到来的毫秒数,默认值为 1 s。

2.4 各种函数

2.4.1 时间函数

1. delay(time)

从一开始用到的第一个框架 Blink,就是利用 delay()在程序中生成一个短的中断,所以该函数是延时函数,参数是延时的时长,单位是 ms(毫秒)。

delay(1000)代表持续 1 s,delay(2000)代表延时 2 s,依此类推。这个值可以用常数来表示,也可以用无符号长整数的变量来表示。那么这个延时的最大值是多少呢?既然是无符号长整型,这个最大值为 4 294 976 295 ms,大约为 7 个星期。所以这个延时需要用正数或无符号数表达,否则会产生意想不到的效果。例如,将一个有符号的数作为参数,由于有符号的数有可能是负数,这会产生"意外",会将一个负数看作是一个巨大的数进行延时,从而产生错误的延时。

2. delayMicroseconds(time)

delayMicroseconds()也是延时函数,不过单位是 μs(微秒),1 ms=1 000 μs。该函数可以产生更短的延时,如小于 1 ms 的延时。

如果引脚没有 PWM,则可以使用 delay()或 delayMicroseconds()来生成简单的 PWM 输出,例如,在第 2 讲第一个示例中,如果不是亮 1 s 后灭 1 s,再亮 1 s 后灭 1 s,而是亮 1 ms,灭 1 ms,会怎么样?或者亮 1 ms,灭 9 ms,又会怎样?下例中实现亮 0.1 ms,灭 0.9 ms,就可以使用 delayMicroseconds()函数了。

```
digitalWrite(13, HIGH);
delayMicroseconds(100);
digitalWrite(13, LOW);
delayMicroseconds(900);
```

通过非常快地开关引脚可以模拟一个 LED 的亮度,在 1 ms 的间隔中,LED 亮 100 μs,再灭 900 μs,也就是相当于 10% 的占空比,结果相当于使 LED 变暗了。

delay()或 delayMicroseconds()都可以实现延时,也是初学者很容易使用的两个函数。这两个函数的使用不难,但 Arduino 库中的这两个函数都有一个很大的问题,就是在延时期间其他东西都不能运行,直到延时时间到了为止。

3. millis()

Arduino 开发板上的微控制器内部有 3 个板上硬件定时器,它们在后台处理复杂任务,如增加计数值或跟踪程序运行。millis()为计时函数,是这些硬件定时器中的一个,它保存着这个微控制器自从最后一次开启或重启已经运行了多少 ms 的时间值。因为这个函数使用了一个硬件定时器,所以它在后台处理计数值,不会影响在程序流中源代码或代码使用的资源。该函数返回值是 unsigned long 型。

该函数适合作为定时器使用,不影响单片机的其他工作(而使用 delay 函数期间无法进行其他工作)。计时时间函数使用示例(延时 3 s 后自动点亮 LED)程序如下:

```
int LED = 13;
unsigned long i, j;
void setup()
{
  pinMode(LED, OUTPUT);
  i = millis();              //读入初始值
}
void loop()
{
  j = millis();              //不断读入当前时间值
  if((j - i)>3000)           //如果延时超过 3 s,点亮 LED
  {
    digitalWrite(LED, HIGH);
  }
  else digitalWrite(LED, LOW);
}
```

下载或重新复位 3 s,LED 会从灭到亮。

4. micros()

micros()也为计时函数,该函数可以获取单片机开机到现在的时间长度,单位是 μs。返回值是 unsigned long 型。该函数的使用方法与 millis()完全相同,只是定时非常短,对于 millis()返回 1 次,对于 micro()返回 1 000 次。

使用 micro()函数的程序如下:

```
unsigned long time;
void setup()
{
  Serial.begin(9600);
}
void loop()
{
  Serial.print("time:");
  time = micros();
  Serial.println(time);
  delay(1000);
}
```

2.4.2 中断函数

CPU 执行时原本是按程序指令一条一条向下顺序执行的。但如果此时发生了某一事件 B 来请求 CPU 迅速去处理(中断发生),则 CPU 暂时中断当前的工作,转去处理事件 B(中断响应和中断服务)。待 CPU 将事件 B 处理完毕后,再回到原来被中断的地方继续执行程序(中断返回),这一过程称为中断,如图 2-1 所示。

打个比方:假如你正在读书,这时电话响了。你放下手中的书,去接电话。接完电话后,再继续回来读书,并从原来读的地方继续往下读。这个过程中,电话响起相当于中断,你接听电话的过程就是中断响应的过程。

计算机为什么要采用中断?

为了说明这个问题,再举一例子。假设有一个朋友来拜访你,但是由于不知道何时到达,你只能在大门等待,于是什么事情也干不了。如果在门口装一个门铃,你就不必在门口等待而去干其他的工作,

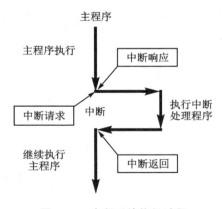

图 2-1 中断系统执行过程

朋友来了按门铃通知你,你这时才中断你的工作去开门,这样就避免等待和浪费时间。计算机也是一样,如键盘输入,如果不采用中断技术,CPU 将不断扫描键盘是否有输入,会经常处于等待状态,效率极低。而采用了中断方式,CPU 可以进行其他的工作,只有键盘按下发出中断请求时,才予以响应,暂时中断当前工作转去执行读取键盘按键,读操作完成后又返回执行原来的程序,这样就大大地提高了计算机系统的

效率。

在计算机中,中断包括如下几部分:

中断源:引起中断的原因,或能发生中断申请的来源。

主程序:计算机现行运行的程序。

中断服务程序:处理突发事件的程序。

1. attachInterrupt(interrupt, function, mode)

该函数用于设置中断,函数有 3 个参数,分别表示中断源、中断处理函数和触发模式。

interrupt:中断源可选 0 或者 1,对应 2 或者 3 号数字引脚。

function:中断发生时调用的函数,此函数必须不带参数和不返回任何值。该函数称为中断服务程序。

mode:定义何时发生中断以下 4 个 contstants 预定有效值:

➢ LOW——当引脚为低电平时,触发中断;
➢ CHANGE——当引脚电平发生改变时,触发中断;
➢ RISING——当引脚由低电平变为高电平时,触发中断;
➢ FALLING——当引脚由高电平变为低电平时,触发中断。

这 4 种引发中断的模式如图 2-2 所示。

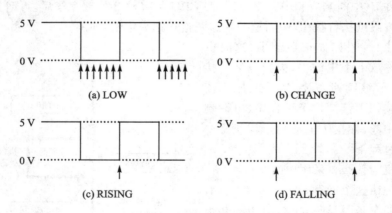

图 2-2 引发中断的状态变化示意图

2. detachInterrupt(interrupt)

该函数为取消(停止)中断,参数 interrupt 表示所要取消的中断源。

使用硬件中断后,在一个给定的应用中改变中断模式是可能的,例如,将中断的模式从 CHANGE 改为 LOW。这需要首先使用 detachInterrupt()停止中断。

该函数只有一个参数,这个参数要么是 0 要么是 1。一旦这个中断关闭,则可以再次在 attachInterrupt()中用不同的模式配置它。

2.4.3 串口通信函数

通信双方的数据沿一根或两根连线实现二进制数据序列的传输称为串口通信。在串口通信中,将传输的数据分解成二进制位,用一条信号线将多个二进制数据位按一定的顺序逐位地由发送端传到接收端,连线数量少、成本低。为了可靠传送数据,收、发双方必须实现约定发送和接收数据的速率、传输数据的格式、收发出错时的处理方式等。

由于串行通信接口(COM)不支持热插拔及传输速率较低,因此,目前部分新主板和大部分便携计算机都取消了该接口。串口多用于工控和测量设备以及部分通信设备中,包括各种传感器采集装置、GPS信号采集装置、多个单片机通信系统、门禁刷卡系统的数据传输、机械手控制和操纵面板控制电机等,特别是广泛应用于低速数据传输的应用。主要函数如下:

1. Serial.begin()

参数:speed;

返回值:无;

说明:该函数用于设置串口的波特率,即数据的传输速率,指每秒传输的符号个数。在与计算机进行通信时,可以使用下面这些值:300、1 200、2 400、4 800、9 600、1 4400、19 200、28 800、38 400、57 600 或 115 200,一般 9 600、57 600 和 115 200 比较常见。除此之外,还可以使用其他需要的特定数值,如与 0 号或 1 号引脚通信就需要特殊的波特率。

在用 ArduBlock 进行积木化编程时,默认的波特率是 9 600 bps。

Serial.begin()函数用来进行串口的初始化,括号内的 speed 参数为串口波特率的大小。通常,这个函数在程序中的 setup()内执行一次即可。

例如:

```
Serial.begin(9600);
```

建立了一个 9 600 bps 的通信。也可以设置一个不常用的速度,但不管设置成什么速度,互相通信的两个元件应该设置成相同的速度。在内建的串口监视器底部的右侧窗口下有一个下拉菜单,可以从中选择相应的速度。

2. Serial.available()

参数:无;

返回值:可读取的字节数;

说明:Serial.available()函数可以用来判断串口是否接收到了数据,并且可以读出接收到了几个字节的数据。

在从串口读数据之前,首先要知道串口内是否有数据可用,这就是该函数的意义所在。在 Arduino 微控制器上,硬件串口一个缓冲区可以存储最多 128 字节的信息,超过这个数量不读取就可能丢失数据,所以通过这个函数可以防止通信信息丢失。

如果在串口缓冲区中没有数据,则这个函数会返回0,可以使用if语句进行判断,如:

```
If(Serial.available())
{
......
}
```

显然,如果在串口中没有数据可用,那么这个函数返回0,即相当于false,不会执行大括号里面的程序;如果有数据,不论有几个,只要不是0,相当于true,之后就可以在if语句中处理从缓冲区中读到的数据。

3. Serial.read()

参数:无;

返回值:返回串口接收到的第一个可读字节,当没有可读数据时返回-1;

说明:Serial.read()函数只能用来接收一个字节,若是接收端需要接收多个字节,则不能使用这个函数。

因为Arduino的串口通信方式是结构化的,所以需要通过串口监视器发给Arduino的每一个字符会转化成相应的ASCII码,这一点必须引起注意。从串口读第一个字节时,实际上是读一个0~127的ASCII码。我们知道一个无符号字节可表示的数据范围是0~255,但在将其中一个数据通过串口发送的时候,需要将其转换成ASCII发送。例如98这个数据,尽管其位于0~255之间,但我们却不能将98这个数据直接发送出去,而是将其变为了'9'和'8'两个ASCII码字符发送出去的。

有经验的嵌入式系统编程者会明白,实际上针对串口数据有十六进制(HEX)发送和ASCII发送两种。ASCII码具有直观的特点,但在发送效率上却不及十六进制方式。

关于十六进制和ASCII码的转换如表2-1所列。ASCII码1所对应的十六进制高3位是011,低4位是0001,合起来就是0110001,所对应的十六进制是0x31(0x是十六进制数据的数学表达),换算成十进制数就是49。

表2-1 十六进制和ASCII码的转换表

低4位 高3位	0 000	1 001	2 010	3 011	4 100	5 101	6 110	7 111
0 0000	NUL	DLE	SP	0	@	P	`	p
1 0001	SQH	DC1	!	1	A	Q	a	q
2 0010	STX	DC2	"	2	B	R	b	r
3 0011	ETX	DC3	#	3	C	S	c	s

续表 2-1

低4位 高3位	0	1	2	3	4	5	6	7
	000	001	010	011	100	101	110	111
4　0100	EOT	DC4	$	4	D	T	d	t
5　0101	ENQ	NAK	%	5	E	U	e	u
6　0110	ACK	SYN	&	6	F	V	f	v
7　0111	BEL	ETB	'	7	G	W	g	w
8　1000	BS	CAN	(	8	H	X	h	x
9　1001	HT	EM	)	9	I	Y	i	y
A　1010	LF	SUB	*	:	J	Z	j	z
B　1011	VT	ESC	+	;	K	[	k	{
C　1100	FF	FS	,	<	L	\	l	|
D　1101	CR	GS	—	=	M	]	m	}
E　1110	SO	RS	.	>	N	↑	n	~
F　1110	SI	US	/	?	O	←	o	DEL

例如，从串口监视中发送98，实际上 Arduino 会收到2个字符'9'、'8'，查看ASCII 码表，就是十进制的57、56。显然，如果要用这些数据来进行控制，则需要进行转换。ASCII 码'0'所对应的十进制为48，因此如果把收到的数值减去48，则会得到与这个字符实际对应的数值。

例如：

　　byte receive_data = Serial.read();
　　receive_data = receive_data − 48;

经过上述处理后，如果是'9'的 ASCII 码57，会真的变为9，这个数据可以用来进行下一步的处理。当然，也可以将这个值直接减去字符'0'，效果是一样的。

例如：

　　byte receive_data = Serial.read();
　　receive_data = receive_data − '0';

这个例子的处理效果和前一个例子是一样的。

4. Serial. readBytes(buf , len)

参数：

buf，存入数组首地址；

Len，设定的读取长度；

返回值：返回存入数组的字符数。

示例：

unsigned char receiveData[10];
Serial.readBytes(receiveData,10);   //将串口接收到的十个数据存入 uartData[]数组中

说明：Serial.readBytes()函数可以用来读取串口接收的多个字节的数据,而 Serial.read()函数用来接收一个字节的数据。

这个函数可以与 Serial.available()结合使用,因为 Serial.available()的返回值是有多少可用的字节,而 Serial.readBytes(buf,len)则可以选择一次性读取多少字节,注意,读取的字节数要小于等于可读的字节数。在 buf 足够大的情况下,如果要一次性读取所有数据,可以采用如下的程序：

#define dataMax 128;
unsigned char receiveData[dataMax];
If(Serial.available()＞0)   //如果没有数据可读,则不执行大括号中的程序
{
    Serial.readBytes(receiveData,Serial.available());
}

由于串口硬件缓冲区最大为 128 字节,故设置 dataMax 为 128。

5. Serial.print()

参数：val,需要串口发送的字符类型的数据,可以发送变量,也可以发送字符串；
返回值：返回写入的字节数；

前几个函数都是有关读串口的,而从本函数开始后面的串口函数都是关于通过串口发送数据的。Serial.print()的功能是打印 ASCII 字符到 Arduino 所连接的串口元件上。这个函数通常的假定是如果要发送一个值如 35,则实际发送的是字符'3'和'5',而不是 ASCII 码字符'#',但可以通过强制类型转换实现以十进制或十六进制发送数据的目的。

示例：

Serial.print("today is Tuesday");
Serial.print(x, DEC);   //以十进制发送 x
Serial.print(x, HEX);   //以十六进制发送变量 x

6. Serial.println()

该函数与 Serial.print()类似,从串行端口输出数据,有所不同的是输出数据后跟随一个回车('/r')和一个换行符('/n')。

Serial.println()很简单且很容易使用,可以帮助清除窗口监视器输出。可以联合使用 Serial.print()和 Serial.println()格式化输出,使输出文本更容易读。

7. Serial.write(val)

参数：val,需要串口发送的字节；

返回值:字节数;

这个函数和 Serial.print()很相似,但它做了一个相反的假定,即发送的就是数据本身,而不是 ASCII 码。

Serial.write(35);

在这个例子中,ASCII 码值为 35,这个函数会显示字符'♯'。这个函数可以代替语句 Serial.print(35,DEC)或 Serial.print(23,HEX)。Serial.write()只能以单个字节发送数据,所以数值范围限制为 0~255 或之前提到的 ASCII 代码。

8. Serial.write(buf,len)

参数:buf,发送数组首地址;

　　len,设定的发送长度;

返回值:字节长度;

很明显,这个是可以发送多个字节的函数,发送字节个数可以通过 len 指定。
示例:

unsigned char sendData[10];
serial.write(sendData,10); //将数组里的 10 个字节的数据进行串口发送

9. serial.end();

参数:无;

返回值:无;

说明:Serial.end()函数用来关闭串口通信,我们可以通过调用这个函数来关闭串口,停止通信。直接在需要停用串口的地方调用即可。

2.4.4 库函数

与 C 语言和 C++语言一样,Arduino 也有相关的库函数提供给开发者使用。这些库函数的使用,与 C 语言的头文件使用类似,需要♯include 语句,可将函数库加入 Arduino 的 IDE 编辑环境中,如♯include "Arduino.h"语句。

在 Arduino 开发中,主要库函数的类别如下:数学库主要包括数学计算,EEPROM 库函数用于向 EEPROM 中读/写数据,Ethernet 库用于以太网的通信,SD 库用于读/写 SD 卡,Servo 库用于舵机的控制,Stepper 库用于步进电机控制。其他(如 Wifi、Wire、TFT 等)都对应着不同的功能,诸如此类的库函数非常多,而且这些库还在不断的增加中。

例如,下列数学库中的函数:

abs(x);　　　　　　　//求绝对值
sin(x);　　　　　　　//求正弦值
random(small,big);　　//求两者之间的随机数

……

举例如下:

数学库 random(small,big),返回值为 long。

```
long x;
x = random(0,100);      //生成 0~100 的随机数
```

更多库函数的内容可以在 Arduino IDE 的帮助中找到。

2.5　本讲小结

本讲介绍了 Arduino 的编程语言,从编程基础开始,讲述了变量、数组的概念和定义原则;对数字、模拟及高级 I/O 的操作进行了详细的剖析,然后是其各种函数,如时间函数、中断函数、通信函数及库函数等。

第 3 讲

点亮一个 LED

3.1 实验器件

在学习智能车前期,我们先用 Arduino 套件进行基础知识的教学,在教学过程中我们会结合很多简单的小实验来增进读者的理解和运用。Arduino 实验套件所有器件如图 3-1 所示。图中标号所对应的器件名称如表 3-1 所列。

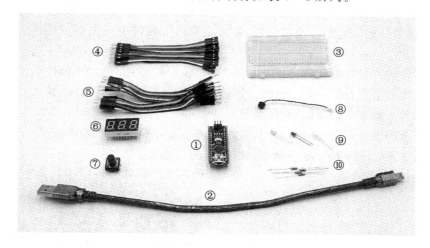

图 3-1 Arduino 实验套件器件实物图

表 3-1 Arduino 实验套件器件名称

序号	名 称	说 明
①	Arduino Nano 开发板	主控最小系统板
②	Arduino Nano 下载线	连接 PC 机 USB 口和开发板的线
③	面包板	用于电路连接的基材
④	公母头杜邦线	一端为针,一端为孔,称为"公-母"头
⑤	公公头杜邦线	两端都是针,称为"公-公"头
⑥	共阴极数码管	3 位 8 段 LED

续表 3-1

序 号	名 称	说 明
⑦	按键	按下去指定引脚短接
⑧	无源蜂鸣器	在其两端加上一定频率电压可发声
⑨	LED 发光二极管	分红、绿、蓝三种颜色
⑩	330 欧姆电阻	用作限流电阻

3.1.1 面包板

面包板是一种电子实验用品，表面是打孔的塑料，底部有金属条，电子元器件按照一定规则插上即可使用，无须焊接。也可以用导线来连接元器件的引脚，用来实验元器件的性能或其组成的电路性能。

至于为何叫"面包"板？跟"面包"有什么关系吗？

其中一种说法是，最初人们做电路时，常用一小块木头做基底，把元件的引线脚用小钉子或图钉钉在板子上，然后把引线脚连起来就成了电路。找不到更合适的木头时，厨房的砧板（面包板）常被征用，所以后来可方便插电线做实验的板子就叫"面包板"。

还有种解释是从面包的角度来阐述的：面包松软多孔，很容易插进筷子等物，而面包板上也有很多孔，很容易用配套的导线插入；虽然有"黑面包"的说法，但我们所见到的面包一般都是白面做的，而面包板一般都是白色的。

市场上的面包板类型众多，但其基本原理类似。本书所选择的面包板，其正面图和背面图如图 3-2 所示，可根据该图考虑其内部连接关系。

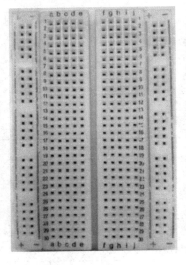 

图 3-2 面包板正面与背面图

这里从区域分类和连接关系两个方面来认识选定的面包板,如图3-3所示。

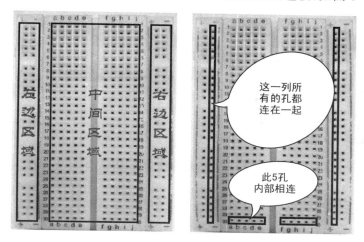

图3-3 面包板区域分类及连接关系

区域分类:面包板分为3个区域:左边区域、中间区域和右边区域。中间区域就是在面包板上竖方向标注"1、2……30",而横方向上标注为"ａｂｃｄｅｆｇｈｉｊ"的区域;左边区域和右边区域就是标注为"＋ －"的位置,左边区域和右边区域结构是一样的。

连接关系:在中间区域中,竖列标注为"30"的一行中,"ａｂｃｄｅ"是连在一起的,"ｆｇｈｉｊ"是连在一起的,其他行类推。但行与行之间则是不相通的。在左边区域和右边区域中,其中标注为"＋"的一列所有的孔都是连在一起的,通常作为公共电源的插口;标注为"－"的一列所有的孔也是连在一起的,通常作为公共地的插口。

注意,我们的上述说法只是通常用法而已,千万不能认为标注"－"就一定是公共地,它们只是连在一起的若干孔,你让它跟"地"连接,它就是"地",若你不让它和"地"连接,它就不是"地"。同样的道理,标注"＋"的一列也仅仅是所有的孔连在一起而已,也不一定当电源使用。

可以看到,面包板的中间区域部分,其正中间有一条凹槽,为什么要设计这样一个凹槽呢?首先,这个凹槽表示左右两边是断开的;另外,加了凹槽后,紧挨凹槽的两侧孔的距离刚好是7.62 mm(2.54 mm×3),这个间距正好插入标准窄体的DIP引脚IC(Integrated Chip,集成芯片)。IC插上后,因为引脚很多,一般很难取下来,如果暴力拔出很容易弄弯引脚,下次再插入就比较费劲了,多次弄弯再掰直的过程中,引脚容易产生疲劳折断现象,从而导致IC损坏。这个槽刚好可以让大家用镊子、扁平螺丝刀之类的工具伸到IC下面,慢慢翘起来,然后再动手拔出,就不会损坏其引脚了,如图3-4所示。

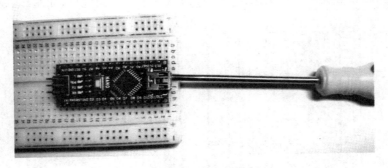

图3-4 螺丝刀辅助翘起芯片

3.1.2 杜邦线

杜邦线本来是指美国杜邦公司生产的有特殊效用的缝纫线。电子行业的杜邦线主要用于电路实验,在进行电路实验的时候可以和插针或插孔进行连接,而且它具有非常好的牢靠性,也能够省略焊接的过程,快速地进入电路实验,在电子产品的应用中非常广泛。

杜邦线实物图如图3-5所示。

图3-5 杜邦线实物图

杜邦线分为公公头、公母头、母母头3种。公公头杜邦线两头都是插针,可以方便地插在面包板上,将面包板上的两个孔形成通路连接;公母头杜邦线一头为插针,一头为插孔;母母头杜邦线两头都是插孔。本实验套件中只提供了公母头和公公头两种类型的杜邦线,公母头与公公头可以组合成更长的公公头杜邦线进行使用,如图3-6所示。

图3-6 公母头和公公头可连接

3.1.3 电阻器

电阻器简称电阻,是一种常见的控制电压电流的电子元件。电阻的形状有多种,常用的有直插和表贴两种形式,每种形式又因为功率不同,其外形大小也有差异。电阻器的单位为 Ω,称作欧姆,1 MΩ=1 000 kΩ=1 000 000 Ω。所配备的电阻为 330 Ω 的双列直插电阻,方便插入面包板或杜邦线中。

直插电阻一般是色环电阻,常用的色环电阻有 4 环、5 环和 6 环电阻。

4 环电阻:第 1 环、第 2 环代表电阻前两位数,第 3 环代表倍数,第 4 环表示误差。

5 环电阻:第 1 环、第 2 环、第 3 环代表电阻前 3 位数,第 4 环代表倍数,第 5 环代表误差。

6 环电阻:第 1 环、第 2 环、第 3 环代表电阻前 3 位数,第 4 环代表倍数,第 5 环代表误差,第 6 环代表温度系数。

有不少初学者面对色环电阻时不知从何开始读起,实际上厂家在标志这些电阻的时候都有约定俗成的规定。凡是标志电阻值和倍数的色环都是距离相同的,而表示误差或温度系数的色环距离不同,是很容易看出来的,见图 3-7 所示。

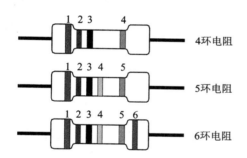
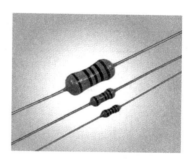

图 3-7 色环电阻

不同颜色对应的数字如表 3-2 所列,建议把这个颜色对应背下来,在以后的工作中会非常方便。

举例说明:

若一个 4 环电阻的 1、2、3、4 环的颜色分别是棕、黄、黑、银,那么该电阻就是 13 Ω,±10%。

若一个 5 环电阻的 1、2、3、4、5 环的颜色分别是橙、红、黄、棕、金,那么该电阻就是 3240 Ω,±5%。

若一个 6 环电阻的 1、2、3、4、5 环的颜色分别是白、紫、绿、红、金、红,那么该电阻就是 97 500 Ω,±5%,50 PPM/℃。

表 3-2 色环与数值对照表

4环电阻	第1环	第2环		第3环	第4环	
5环电阻	第1环	第2环	第3环	第4环	第5环	
6环电阻	第1环	第2环	第3环	第4环	第5环	第6环
颜色	高位	中位	低位	倍乘数	误差	温度系数
黑	0	0	0	10^0		
棕	1	1	1	10^1	±1%	100 PPM/℃
红	2	2	2	10^2	±2%	50 PPM/℃
橙	3	3	3	10^3		15 PPM/℃
黄	4	4	4	10^4		25 PPM/℃
绿	5	5	5	10^5	±0.5%	
蓝	6	6	6	10^6	±0.25%	10 PPM/℃
紫	7	7	7	10^7	±0.1%	5 PPM/℃
灰	8	8	8	10^8	±0.05%	
白	9	9	9	10^9		1 PPM/℃
金				10^{-1}	±5%	
银				10^{-2}	±10%	
无色环					±20%	

3.1.4 发光二极管

发光二极管(英语:Light-Emitting Diode,简称LED)是一种单向导电的二极管,有两个脚,如图3-8所示。两个脚有一长一短,短的是负极,长的是正极。当电流从正极流向负极时LED将发光,接反了就不会亮。一般的LED发光时电流值为3~15 mA,电流太小不发光,电流过大则会烧坏LED。电流小则亮度低,电流大一些则更亮。连接在电路中时,LED会产生压降,这个压降一般在1.7~3 V之间,不同类型的LED压降是不同的。

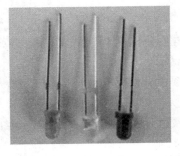

图 3-8 LED 实物图

3.2 点亮一个 LED

本节来讲解如何点亮一个 LED，实际上，在第 2 讲中已经点亮过开发板自带的 LED 了，本节来讲如何点亮一个外接的 LED。

点亮一个 LED 灯，对嵌入式工作者而言，就像软件工程师的"Hello World"一样。当你从事嵌入式开发工作若干年后，再回想起来，真想象不出，当时点亮一枚发光二极管居然能带来那么大的成就和快乐。

3.2.1 LED 实验原理图

图 3-9 为 LED 点亮的原理图，这里选用 330 Ω 电阻，当 GPIO 脚输出为 5 V 时，则电流为 5 V/330 Ω＝15.15 mA，对吗？

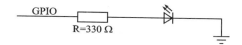

图 3-9 点亮 LED 电路原理图

显然是不对的！因为 LED 是有压降的，虽然发光二极管也是二极管，但它的压降并不是硅二极管的 0.7 V 或锗二极管的 0.2 V，而是更高，后面会在实验时讲到这个问题。

假定 LED 的压降以 1.7 V 计算，实际电流大约为（5 V－1.7 V）/330 Ω＝10 mA。

3.2.2 LED 实验电路连接

1. 安装 Arduino Nano 到面包板上

安装 Arduino Nano 开发板到面包板上，一定让开发板跨越中间凹槽，而且尽量位于中间位置。由于该开发板的横跨距离为 6 个标准间距(6×2.54 mm)，而凹槽占据了一个标准间距，故开发板并不是以凹槽为中间对称的，而是一边为 2 个标准间距，一边为 3 个标准间距。

安装 Arduino Nano 开发板时还要注意，要让 Mini USB 一端朝向外，如图 3-10 所示，最好能贴近面包板外缘，这样连接 USB 线缆到计算机比较方便。更重要的是，后面进行其他器件的连接实验时，可以为这些器件在面包板上的安装留出足够的空间。

2. 安装 LED 和电阻到面包板

图 3-9 的 GPIO 可以为 Arduino Nano 的任何一个数字引脚，即 D0~D19 的任何一个引脚都可以，这里选择 D12 来驱动 LED。

注意，一定要使整个电路形成回路，LED 才能亮！也就是信号从 D12 发出，经过

图 3-10 Arduino Nano 开发板安装

电阻和发光二极管,最后回到 Arduino Nano 开发板的 GND 脚,形成一条回路,如图 3-11 所示。

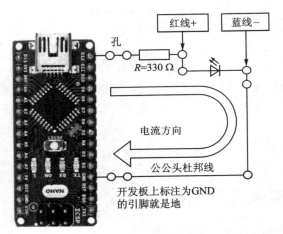

图 3-11 连接示意图

  第一步,将电阻的一端插入与 D12 连接的插孔中,将电阻的另一端插入标注红线"+"的插孔中。注意,此处的"+"列不是电源正极,只是当作一个普通连接口使用。

  第二步,将发光二极管的正端(比较长的一端)插入红线标注的孔中,即与第一步中已经插入面包板的电阻引脚相连接;将发光二极管的负端插入标注蓝线"−"的插孔中,注意,此处的"−"列也不是电源负极,只是当作一个普通连接口使用。

  第三步,将一根公公头杜邦线的一端插入标注蓝线"−"的一端,即与第二步中插入的发光二极管负端相连接;杜邦线另一端插到开发板标注为 GND 相连接的插孔中。Arduino Nano 的 GND 端不唯一,但开发板内部的 GND 都是连在一起的,所以不论插入开发板的哪一个 GND 都是可以的。

经过上述几个步骤后,连接好的电路大致如图 3-12 所示。注意,这里说的连接在一起,是指面包板背面连在一起了,而不是插在同一个孔中,因为每个孔只能插下一个头,而面包板后面连在一起的孔就是为了方便实验连接用的。

图 3-12　电路连接示意

3.2.3　LED 点亮实验程序

连接好电路后,相当于硬件准备好了,下面就是软件的工作了。在 sketch 软件下将以下代码进行编辑,为外接 LED 灯的闪烁显示做好准备,其程序如下:

```
void setup()
{
  pinMode(12, OUTPUT);      //设置 12 脚为输出,即开发板上标注 D12 的引脚
}
void loop()
{
  digitalWrite(12 , HIGH);  //高电平,LED 灯亮
  delay(1000);              //延时 1 s
  digitalWrite(12 , LOW);   //低电平,LED 灯灭
  delay(1000);              //延时 1 s
}
```

这个程序与第二讲讲过的 Blink 范例程序很相似。学过 C 语言的读者应该了解,C 语言的程序入口是 main 函数,但这里并没有 main 函数。其实,Arduino 发布者为了简化程序结构,降低学习难度,他们把 main 函数藏起来了,然后 setup() 函数就相当于 main 函数的入口,Arduino 程序的入口就是 setup 函数,不过 setup 函数只执行一次。执行完 setup 内程序后,进入 loop 函数死循环,不停地循环执行。具体用法如下:

setup()——setup 函数一般放置初始化功能,此程序上电只执行一次,所以我们把设置 GPIO 引脚输出模式的子函数放在此函数。

loop()——是主循环函数,此程序在上电后等待 setup 函数运行完一遍,然后该程序将循环执行。

通过上述的讲解可知,这个程序就是在上电时,在 setup 函数中将 12 引脚设置为输出,然后在 loop 函数中,先输出高电平 1 000 ms,再输出低电平 1 000 ms,再输出高 1 000 ms,再输出低 1 000 ms……如此反复。

3.2.4　程序编译下载

如图 3-13 所示,单击箭头所指的黄框所示的对号对程序进行编译。根据版本的不同,编译过程中会显示"Compiling sketch"或者显示中文"正在编译项目",编译完成后状态区会显示"Done compiling."或者"编译完成"。

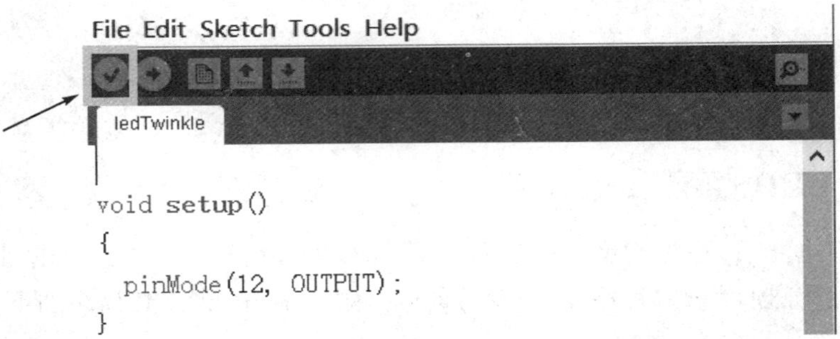

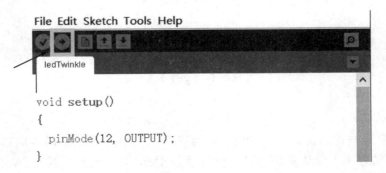

图 3-13　编　译

此时单击对号旁边的右箭头,如图 3-14 所示,把程序下载到 Arduino 开发板上,当状态区显示"Done uploading."时说明下载成功。

图 3-14　下载程序

下载之前,首先要确保 USB 线正确连接了计算机和 Arduino Nano 开发板。如果没有连接开发板,则会有"上传出错"的提示。

如果上述都没有问题,那么程序下载成功后 LED 会一闪一闪地发光,如图 3-15 所示。

图 3-15 实验效果图

3.2.5 实验中的问题与解答

有的同学刚接触电路与编程,可能会出现各种各样的问题。这是很正常的,要用积极的心态去对待每个问题,这样才能不断进步。

1. 连接错误

电阻引脚接到了错误的 Arduino Nano 开发板引脚上(比如不是 D12 引脚),或者 LED 与电阻没有正确连接,或者 LED 正负极接反等都会导致 LED 不亮。

当然,还有初次接触者,不熟悉面包板的连接情况,如图 3-16 所示,黑色杜邦线没有将 LED 的负极接到开发板的负极(GND),没有形成闭合的电路回路,所以 LED 是不亮的。

图 3-16 LED 实验错误的连接图

这个错误发生的场景是：老师在课堂上让学生们把开发板的 GND 和标注"－"的一端相连接。本来是指与 LED 的负端连接起来，从而形成回路。虽然绝大多数学生都明白这个意思，但确实有些学生因为初次接触电路，会发生一些"匪夷所思"的事情。

课堂上有学生举手示意，表示自己的下载很顺利，但 LED 灯就是不亮。老师走近一看，发现杜邦线的一端连接了开发板的 GND，另一端也连接到了标注"－"的引线一端（如图 3-16 所示）。学生振振有词："我就是根据老师的说法连接起来的！"老师则是啼笑皆非，本来是让学生连接到与 LED 的引脚连在一起的"－"端，但学生却连接到了与 LED 的引脚没有任何关系的另外一个标注为"－"的一端。

2. 开发板或处理器选择错误

如果程序能够顺利编译，却在上传的过程中出现错误，则应该考虑是不是开发板或处理器选择错了？

在本教程中，开发板选择为 Arduino Nano，而不是 Arduino Uno 或者其他类型。注意，当你重新安装软件后，需要重新选择开发板，否则可能使用的是默认开发板，自然就会出现错误。

处理器应该选择 ATmega328P 或者 ATmega328P(Old Bootloader)，由于本书所用的开发板是 Old Bootloader，所以应该选择这个选项。

3. 在压缩文件中打开

不论是 sketch 软件或例程，都需要先解压到某一个目录中再打开，否则编译下载时就会出现一些莫名其妙的错误。

这个错误发生的场景是：老师课前通过压缩文件的方式将 IDE 软件和例程发给了学生，学生直接在压缩软件中将 IDE 打开，然后又在压缩文件中调用例程，于是就出现了一些莫名其妙的错误。

4. 并联 LED 的问题

由于套件中提供了多个红色、绿色和蓝色的 LED，一些初学者在学习的过程中会选择把若干个 LED 并联，看到好几个 LED 同时闪烁，确实会增加很多乐趣。

但将上述 LED 换做不同种类的 LED 并联（如红色和蓝色）时却发现了问题：往往只有一个 LED 是正常闪烁的，另外一个要么很暗，要么根本不亮。如图 3-17 所示的红色 LED 和蓝色 LED 并联后，通过电阻接开发板的引脚，程序下载后发现只有红色灯亮，蓝色灯是不亮的，这是什么原因呢？

为了弄明白这个原因，我们来做一个实验。图 3-18 是将图 3-12 中的 GPIO 换为＋5 V，使 LED 处于常亮状态，用万用表测量如图所示的 LED 两端电压，即 LED 的导通电压 U_{LED}。

记录下当前 LED 颜色对应的电压，然后换不同颜色的 LED 继续测量，汇成表 3-3。

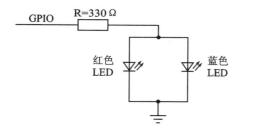
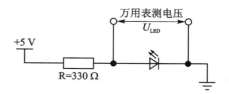

图 3-17 红色与蓝色灯并联电路　　　图 3-18 测量 LED 两端电压

表 3-3 LED 的压降测试

序　号	LED 颜色	U_{LED}/V	电压值实际图
1	红色	1.84	
2	绿色	1.95	
3	蓝色	2.80	

可以看出,不同颜色 LED 的导通电压是不同的。其中,红色 LED 导通电压最低,蓝色 LED 导通电压最高,绿色 LED 的导通电压位于两者之间。当不同颜色的 LED 并联时,导通电压低的 LED(红色)首先导通。一旦低导通电压的 LED(红色)导通,二极管两端的电压就会限制到二极管的导通电压(1.84 V),这叫二极管的电压钳位。一旦 LED 两端的电压被钳位到 1.84 V,就不会达到蓝色 LED 导通要求的 2.80 V,所以图 3-16 中的蓝色 LED 自然就不会亮了。

我们来算一下,图 3-18 中流过 LED 时的电流:

若 LED 为蓝色,则电流:$I_{BLUE}=(5\ V-2.8\ V)/330\ \Omega=6.7\ mA$;

若 LED 为红色,则电流:$I_{RED}=(5\ V-1.84\ V)/330\ \Omega=9.6\ mA$;

若 LED 为绿色,则电流:$I_{GREEN}=(5\ V-1.95\ V)/330\ \Omega=9.2\ mA$。

那么,在当前电路条件下,哪个 LED 应该最亮呢?从道理上说,红色 LED 的电流最大,应该最亮吧?但实际的结果是,在这批套件中所提供的 LED 中,蓝色最亮,红色次之,绿色亮度最低!为了解释这个问题,做以下说明:

① 电流越大,亮度越高,是针对同一种 LED 来说的。例如,同一个红色 LED,流过 10 mA 时的 LED 亮度肯定比流过 5 mA 时的 LED 亮度高。

② 不同类型的 LED 则不同。例如,同样是红色 LED,有高亮 LED 和普亮 LED 的区别,流过同样的电流,其亮度本来就不同。

③ 确实,眼睛有时会欺骗你,因为人的眼睛对不同光色的敏感度不同。为何马路上要设置红绿灯而不是别的颜色,这涉及了光学和人体科学的问题,感兴趣的读者可以查阅光学的相关信息。

3.3 按键控制 LED

3.3.1 按键电路

采集少量按键的电路通常采用如图 3-19 所示的两种电路。

如图 3-19(a)所示,通过 GPIO1 引脚来读取按键状态。由于引脚通过一个电阻连接到电源负极 GND 上,所以当按键没按下时,GPIO1 引脚电平等于 GND,即逻辑低电平状态,该电阻也被称为下拉电阻;当按键按下时,由于键的另一端接+5 V,所以 GPIO1 上的电平也会变为+5 V,即逻辑高电平。

如图 3-19(b)所示,通过 GPIO2 引脚来读取按键状态。由于引脚通过一个电阻连接到电源正极+5V 上,所以当按键没按下时,GPIO2 引脚电平等于+5 V,即逻辑高电平状态,该电阻也被称为上拉电阻;当按键按下时,由于键的另一端接 GND,所以 GPIO2 上的电平也会变为 GND,即逻辑低电平。

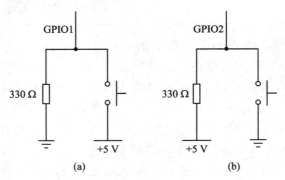

图 3-19 按键控制 LED 实验原理图

通过按键控制 LED 的亮灭,是在控制 LED 的基础上添加了一个按键。按键有 4 个引脚,其中,引脚 1 和引脚 2 是连接在一起的,引脚 3 和引脚 4 是连接在一起的。当按键没有被按下时,引脚 1 和 3 是断开的;当按键被按下时,引脚 1 和 3 就接在一起了,由于 1 和 2、3 和 4 本来就是连在一起的,实际上此时 4 个引脚全部接在一起了,如图 3-20 所示。

接触到按键,就会明白为什么要把 Arduino Nano 的开发板尽量装在面包板的边缘了,因为这样会有比较多的空间来安装其他的器件。比如要找个地方安放按键时,另外一边的空间就会比较大,容易找到合适的地方。

为了简化实验,除了开发板外,我们只用一个 LED 灯和一个按键。当然,也可以用多个 LED 灯和多个按键去实现更复杂的

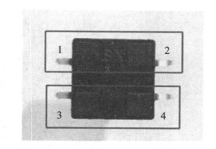

图 3-20 按键背面图

功能,而实际的应用中大多如此。由于单个按键和多个按键原理相同,所以理解了一个 LED 灯和一个按键模式,其他的方式也很容易理解。

如图 3-21 所示,LED 的连接方式和上一讲中的单个 LED 连接方式是一样的,这里不再赘述。关键来讲一下按键的连接,由于按键的 1 脚通过杜邦线连接到 D13,即开发板上与 D12 左右对称的位置;按键的 2 脚通过电阻接 GND,1 脚和 2 脚是内部连在一起的,也就是 D13 平时读到的电平为逻辑低电平 LOW;按键的 3 脚通过杜邦线接"红线+",而"红线+"又通过杜邦线接到了开发板的"5V"。这样就形成了图 3-19(a)的连接方式,即按键未被按下时为逻辑低电平,被按下后为逻辑高电平。

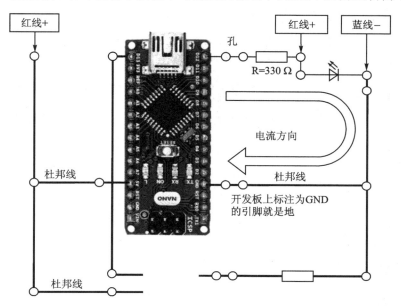

图 3-21 按键控制 LED 实验连接图

图 3-21 中交叉线处有圆圈的就代表插孔,代表两根线是连在一起的;交叉处没有圆圈的就代表没有接在一起。连接完成后要反复检查是否连接正确,发现错误及时纠正。实物连接如图 3-22 所示。

图 3-22 按键控制 LED 实物连接图

3.3.2 程序与理解

按键控制 LED 的实验程序如下：

```
int pressTimes = 0;              //定义一个变量,并初始化为 0
void setup()
{
  pinMode(13, INPUT);            //设置 D13 为输入引脚
  pinMode(12, OUTPUT);           //设置 D12 为输出引脚
}
void loop()
{
  if(digitalRead(13))            //读 D13 的状态
  {
    delay(100);                  //延时 100 ms
    if(digitalRead(13))          //如果再次读到状态为高,说明按键被按下
    {
      pressTimes ++ ;            //变量加 1
      if(pressTimes > 1)         //如果大于 1,说明已经执行过 1 次
      {
        pressTimes = 0;
      }
    }
  }
```

```
    if(pressTimes == 0)              //若该值为 0,则 D12 输出低电平
    {
      digitalWrite(12, LOW);
    }
    if(pressTimes == 1)              //若该值为 1,则 D12 输出高电平
    {
      digitalWrite(12 , HIGH);
    }
}
```

按键程序实现了按一下打开 LED,再按一下关闭 LED 的功能。

为何相隔 100 ms 需要两次读取按键,从而确定按键被按下？实际上这是读取按键的一种通用做法,叫做"软件滤波",原因在于按键在按下过程中其内部的簧片会产生不必要的抖动,影响 IO 口的读取。此处使用了延时消抖的方法,利用延时屏蔽掉抖动的时间,选取有效的电平状态。一般按键按下和抬起的瞬间,都会有抖动产生,如图 3 - 23 所示。

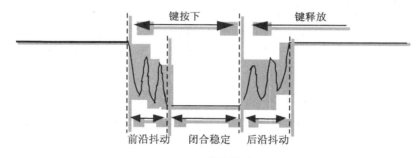

图 3 - 23　按键抖动现象

这里用到了一个读取引脚状态的函数:digitalRead(13),即读取 D13 引脚的电平来判断按键是否按下;同时,定义了一个全局变量 pressTimes 来存储状态变化情况,以及作为判断的依据。这在程序设计中是很常见的,往往是子程序 A 改变了这个变量,子程序 B 根据这个变量的值来判断该做什么动作。这样程序 A 和程序 B 就因为这个变量的原因而产生了某种联系。

3.3.3　实验思考

思考题 1. 为何长按按键,LED 会一直闪烁？(提示:从 pressTimes 值的变化规律来讨论)

思考题 2. 试编写一个程序,让按键按下去时 LED 长亮,松开按键时 LED 长灭。

思考题 3. 试编写一个程序,让按键按下去时 LED 快速闪烁,松开按键后 LED 慢速闪烁。

3.4 本讲小结

本讲介绍了面包板、杜邦线、电阻、发光二极管及按键。分两个例程来学习面包板的基本连接方式,第一个例程是外接 LED 的点亮方式,第二个例程仍然是 LED 的点亮,但增加了按键的控制。虽然只是点亮一个 LED,但本讲内容却是读者掌握 Arduino 开发的入门必备知识,如果能够根据思考题实现后续的功能,会加深读者对于键盘和 LED 显示的理解。

第 4 讲

点亮多个 LED

4.1 流水灯实验

什么叫"流水灯"？就是一组灯，在控制系统的控制下能按照设定的顺序和时间来亮和灭，由于人的视觉暂留现象，看上去就能形成像"流水"一般的效果。仔细观察会发现，生活中有若干流水灯的例子，如流水广告灯、部分汽车的转向灯等。

在点亮一个 LED 的实验中，曾经讨论过将多个同类型 LED 并联在一起的情况，由于控制端口只有一个，所以所有的 LED 只能是同时亮和灭。如果要分别控制每一个 LED 的亮和灭，应该怎么办呢？

和点亮一个 LED 原理相同，如图 4-1 所示，流水灯实验包括 3 个 LED。LED 的阳极（正端）分别通过一个 330 Ω 的电阻接到 Arduino 的 D12、D11、D10 引脚，LED 的阴极（负端）则连接在一起连接到 GND。

至于在面包板上的连接，方式并不唯一，只要能达到图 4-1 连接的效果即可。考虑到初学者对面包板的使用并不熟悉，故给出一种思路供初学者参考：

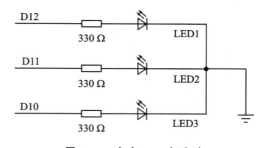

图 4-1 多个 LED 灯实验

① 首先保证 Arduino Nano 开发板已经插在了正确的位置上，可参考图 3-10 中的开发板连接方式。

② 我们提供了多条"公-公"杜邦线，这些线可以将引脚引到我们需要的地方，比如 Arduino Nano 开发板下方未用的位置。注意，这些杜邦线要插到不同的横排孔。

③ 面包板中间区域左、右侧同一排的 5 个横排插孔是相互连接的，而中间区域的凹槽两端插孔是未连接在一起的，可以跨接电阻。

④ 跨接电阻的任何一端的 5 个横向插孔是连接在一起的，可以将 LED 的正端连接到这 5 个孔的其中一个；考虑到 LED 的跨度较小，最好是靠近中间凹槽边缘的插孔。

⑤ 将所有 LED 的负端插到左边区域标注"－"的一排插孔上，相当于把 LED 的负端都连在了一起。

⑥ 选择一条"公-公"杜邦线，一端插到 LED 负端，一端连接到 Arduino Nano 的 GND 端，形成电气回路。

经过上述几步，硬件就连接好了，如图 4-2 所示。再一次检查硬件的连接是否正确，确保其连接关系符合图 4-1 的逻辑关系。

图 4-2 多 LED 实验连接实物图

编写 LED 控制程序，只需要控制 D12、D11、D10 引脚的高低电平状态就能控制 LED 的闪烁，首先在 setup() 函数设置 3 个引脚的模式为输出。在 loop() 主循环函数内编写流水灯逻辑，上电后 D12 拉高，对应的灯先亮，其他引脚设置为低，对应的灯灭；然后再让 D11 拉高，对应的灯亮，其他引脚设置为低，对应的灯灭；然后依次类推，并在 loop() 中实现循环，让流水灯流动起来。

流水灯实验的程序如下：

```
void setup()
{
  pinMode(12, OUTPUT);       //D12 脚设置为输出
  pinMode(11, OUTPUT);       //D11 脚设置为输出
  pinMode(10, OUTPUT);       //D10 脚设置为输出
}
void loop()
{
  digitalWrite(12 , HIGH);   //D12 脚设置为高,对应的灯亮
  digitalWrite(11 , LOW);    //D11 脚设置为低,对应的灯灭
  digitalWrite(10 , LOW);    //D10 脚设置为低,对应的灯灭
  delay(200);                //延时 200 ms
  digitalWrite(12 , LOW);    //D12 脚设置为低,对应的灯灭
  digitalWrite(11 , HIGH);   //D11 脚设置为高,对应的灯亮
```

```
digitalWrite(10, LOW);       //D10 脚设置为低,对应的灯灭
delay(200);                   //延时 200 ms
digitalWrite(12, LOW);       //D12 脚设置为低,对应的灯灭
digitalWrite(11, LOW);       //D11 脚设置为低,对应的灯灭
digitalWrite(10, HIGH);      //D10 脚设置为高,对应的灯亮
delay(200);                   //延时 200 ms
digitalWrite(12, LOW);       //D12 脚设置为低,对应的灯灭
digitalWrite(11, LOW);       //D11 脚设置为低,对应的灯灭
digitalWrite(10, LOW);       //D10 脚设置为低,对应的灯灭
delay(200);                   //延时 200 ms
}
```

上述程序是顺序执行的,逻辑关系为:LED1 亮 200 ms→LED2 亮 200 ms→LED3 亮 200 ms→全灭 200 ms,然后又从 LED1 亮开始循环这个过程。可以编写各种 LED 不同显示效果的程序,以加深对程序的理解,可尝试从以下几个方面对程序进行修改:

① 修改 delay 函数的值,将 200 改为其他的值,如 100、500、1 000……,然后重新编译下载,查看效果;

② 改变流水灯顺序,如反向流水灯,让 LED3 先亮,让 LED1 最后亮,然后重新编译下载,查看效果。

③ 发挥你的想象力,实现其他效果。

4.2 数码管显示同一数字

4.2.1 认识数码管

数码管是由多个发光二极管组成的一种显示器件,按字段多少可以分为七段管、八段管、米字管等,按内部结构又可分为共阳极数码管和共阴极数码管,按位数分又可分为 1 位、2 位、3 位、4 位等,按颜色分还有红色、绿色、蓝色等,按大小还可分为 0.28 寸、0.30 寸、0.36 寸等。

图 4-3 是共阳极数码管与共阴极数码管的内部电路图。共阳极是把所有 LED 的阳极连接在一起,然后引出一个引脚,其他 8 个引脚都是 LED 的阴极。所以共阳极数码管需要将共阳极引脚接到高电平上,当某个 LED 的阴极接到低电平并且 LED 两端电压达到导通电压时,这个 LED 就会点亮,数码管的某个笔画就会亮。

共阴极恰恰相反,是把所有 LED 的阴极连接在一起,然后引出一个引脚,其他 8 个引脚都是 LED 的阳极。所以共阴极数码管需要将共阴极引脚接到低电平上,当某个 LED 的阳极接到高电平并且 LED 两端电压达到导通电压时,这个 LED 就会点亮,数码管的某个笔画就会亮。

图 4-4 为 3 位共阴极 8 段数码管以及其内部 LED 的段码编号。可以看到,一

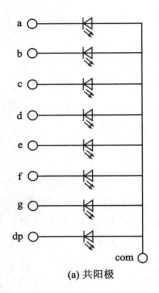
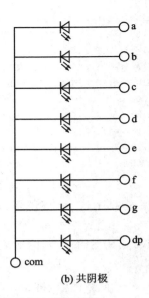

(a) 共阳极　　　　　　　　　(b) 共阴极

图 4 - 3　单位共阳极与共阴极数码管内部原理图

位数码管是由 8 个 LED 构成的，段码为 a、b、c、d、e、f、g、dp。显然，不论是共阴极还是共阳极，只要控制 8 个 LED 的亮灭，就可以使数码管显示 0~9 的数。

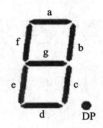

图 4 - 4　数码管与段码编号

使用的 3 位共阴极 8 段数码管的引脚如图 4 - 5 所示。字母 DIG1、DIG2、DIG3 分别就是数码管的公共端，称为位选引脚；字母 a、b、c、d、e、f、g、dp 分别为每一位的段，称为段选引脚。想让第三位显示 6 时，则把 DIG3 接低电平，a、c、d、e、f、g 段分别控制为高电平，其他位的控制相同。

数码管在面包板上的接线图与驱动 LED 相似，为了保护数码管的 LED 灯，我们在每一位的公共端 DIG1、DIG2、DIG3 各串联一个

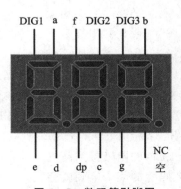

图 4 - 5　数码管引脚图

330 Ω 的电阻,然后接到开发板的 GND 端,相当于位选全部有效。

每一位都对应一个 GPIO 口,我们把数码管的 g、c、dp、d、e、b、f、a 段分别接到了 D5、D6、D7、D8、D9、D10、D11、D12 口,这样只要控制 GPIO 口的输出状态就能控制显示内容了。其连接实物图如图 4-6 所示。

图 4-6 数码管连接实物图

根据此连接方式,对表 4-1 说明如下:

① 由于没有小数点显示,故 dp 端都为 0;如果要显示小数点,让 dp=1 即可。

② 某一位为 1,即该位对应的引脚输出为高电平;某一位为 0,即该位对应的引脚输出是低电平。

③ 表中只列出了数字 0~9 对应的段码显示,实际的八段 LED 数码管可显示的字符不止 0~9,读者可以根据该原理自己编制所需显示的字符。

表 4-1 数字对应显示

数字	a	f	b	e	d	dp	c	g	图形
	D12	D11	D10	D9	D8	D7	D6	D5	
0	1	1	1	1	1	0	1	0	0.
1	0	0	1	0	0	0	1	0	1.
2	1	0	1	1	1	0	0	1	2.
3	1	0	1	0	1	0	1	1	3.
4	0	1	1	0	0	0	1	1	4.
5	1	1	0	0	1	0	1	1	5.

续表 4-1

数字	a D12	f D11	b D10	e D9	d D8	dp D7	c D6	g D5	图 形
6	1	1	0	1	1	0	1	1	6.
7	1	0	1	0	0	0	1	0	7.
8	1	1	1	1	1	0	1	1	8.
9	1	1	1	0	1	0	1	1	9.

4.2.2 程序与理解

```
void setup()
{
    pinMode(12,OUTPUT);      //D5~D12 全部设置为输出
    pinMode(11,OUTPUT);
    pinMode(10,OUTPUT);
    pinMode(9, OUTPUT);
    pinMode(8, OUTPUT);
    pinMode(7, OUTPUT);
    pinMode(6, OUTPUT);
    pinMode(5, OUTPUT);
}
void loop()
{
    digitalWrite(12 , HIGH);
    digitalWrite(11 , HIGH);
    digitalWrite(10 , LOW);       //b 段为低电平
    digitalWrite(9 , HIGH);
    digitalWrite(8 , HIGH);
    digitalWrite(7 , LOW);        //dp 段为低电平
    digitalWrite(6 , HIGH);
    digitalWrite(5 , HIGH);
}
```

该程序的原理很简单,数码管要显示数字"666",则除了 DP、b 为低电平外,其他位为高电平。实验效果如图 4-7 所示。

图 4-7 "666"显示效果

4.2.3 思考与实践

1. 如何显示其他数字？例如,显示0~9的任何数字。

2. 从0开始,每过1s,显示的数字变换一次,例如从0到1,从1到2,…,依次变换;或者倒序变换,即从9开始逐次递减,直到为0。或者自己能想出来的诸多花样。

3. 除了0~9数字外,还能显示哪些字符？能显示"A"、"b"、"c"、"d"、"E"、"F"、"H"、"L"等字符吗？

4.3 数码管显示不同数字

4.2节中3位8段LED只能显示同一数字,例如,3个LED同时显示数字"6",但在许多情况下,我们希望显示不同的数字,如显示"012",应该如何实现呢？

3个LED同时显示同一数字,因为其位选段被接入了GND,即3个LED的位选同时有效,从而使3个LED显示同一个数字。如果位选引脚也是可以控制的,那么就可以选择显示不同的数字或其他字符了。

4.3.1 静态显示和动态显示

LED数码管有静态显示和动态显示两种方式。

静态显示就是需要显示的字符的各字段连续通电,所显示的字段连续发光。这种显示方式需要每一位都有一个8位输出口控制,需要的开发板I/O端口较多,适用于显示位数较少的场合,但是编程较为简单。

动态显示就是所需显示字段断续通以电流,利用人的视觉暂留效应,使显示的字段看起来是在连续通电显示。在需要多个字符同时显示的时候,可以轮流给每一个字符通以电流,逐次把所需显示的字符显示出来。这种显示方式需要保证扫描速度足够快,字符才能够不闪烁。将各显示器的段码同名端接在一起,用一个 I/O 口驱动;位码用另外的 I/O 端口分别控制,这种显示方式电路较为简单,但是编程较为复杂,适用于显示位数较多的场合。

对于单位 LED 数码管的组合来说,例如,有 3 个单位 LED 数码管的引脚相互独立,那么可以采用静态显示,也可以采用动态显示;但对多位 LED 数码管组合在一起的,则只能用动态显示。为什么呢?因为它们相同名称的段已经在内部连接在一起了,如图 4-8 所示的 3 位 LED 数码管内部连接图。可以看出,其内部的段码 a、b、c、d、e、f、g、dp 都连在了一起,而公共端 DIG1、DIG2、DIG3 是独立的,这些引脚可以与图 4-5 进行引脚的一一对应,进一步加深对其内部结构的理解。在 3 位数码管中,NC 是空引脚,在图中未画出。实际上 3 位数码管和 4 位数码管的引脚是兼容的,3 位数码管的 NC 引脚在 4 位数码管的引脚中就成了 DIG4 引脚。

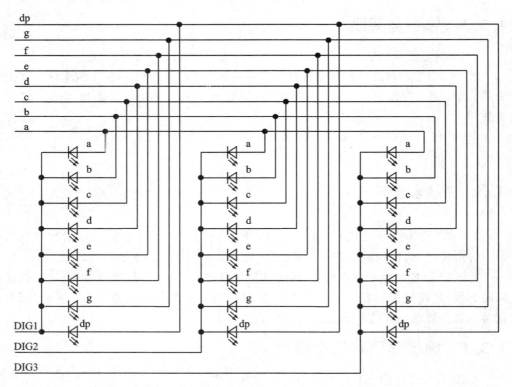

图 4-8 3 位共阴极 LED 数码管内部连接图

先介绍一下视觉暂留现象。人眼在观察景物时,光信号传入大脑神经,需经过一段短暂的时间,光的作用结束后,视觉形象并不立即消失,这种残留的视觉称"后像",视觉的这一现象则被称为"视觉暂留"。电影就利用了视觉暂留现象,虽然图像是一帧一帧出现的,但由于速度较快,所以整个动作看起来就是连续的。坐地铁的时候,一些广告公司别出心裁的广告创意和布置,与地铁的速度巧妙结合,可以形成"动"的广告,增强了广告效果。

至于扫描频率,根据经验,LED要实现稳定显示,在1 s内的循环次数最好在50次以上,否则会出现闪烁现象,即视觉上感觉数字或字母在"哆嗦"。

4.3.2 电路连接与程序

与4.2节相比,所有的段码连接都是相同的,把数码管的g、c、dp、d、e、b、f、a段分别接到了D5、D6、D7、D8、D9、D10、D11、D12端口;但公共端DIG1、DIG2、DIG3各串联一个330 Ω的电阻后,不再接到开发板的GND端,而是接到了D4、D3、D2端口,如图4-9所示。

显示"012"的程序如下所示:

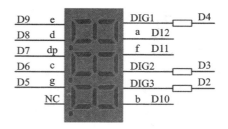

图4-9 显示不同数字电路连接示意图

```
void setup()
{
    pinMode(12,OUTPUT);      //D5-D12全部设置为输出,为段控制端
    pinMode(11,OUTPUT);
    pinMode(10,OUTPUT);
    pinMode(9, OUTPUT);
    pinMode(8, OUTPUT);
    pinMode(7, OUTPUT);
    pinMode(6, OUTPUT);
    pinMode(5, OUTPUT);
    pinMode( 4 , OUTPUT);    //D4、D3、D2全部设置为输出,为位控制端
    pinMode( 3 , OUTPUT);
    pinMode( 2 , OUTPUT);
}
void loop()
{
    digitalWrite( 12 , HIGH );//显示数字"0"的段码
    digitalWrite( 11 , HIGH );
    digitalWrite( 10 , HIGH );
    digitalWrite( 9 , HIGH );
    digitalWrite( 8 , HIGH );
    digitalWrite( 7 , LOW );
    digitalWrite( 6 , HIGH );
    digitalWrite( 5 , LOW );
    digitalWrite( 4 , LOW );     //DIG1 = 0,显示第1位
    digitalWrite( 3 , HIGH );
```

```
digitalWrite( 2 , HIGH );
delay(5);                  //延时 5 ms
digitalWrite( 12 , LOW );  //显示数字"1"的段码
digitalWrite( 11 , LOW );
digitalWrite( 10 , HIGH );
digitalWrite( 9 , LOW );
digitalWrite( 8 , LOW );
digitalWrite( 7 , LOW );
digitalWrite( 6 , HIGH );
digitalWrite( 5 , LOW );
digitalWrite( 4 , HIGH );
digitalWrite( 3 , LOW );   //DIG2 = 0,显示第 2 位
digitalWrite( 2 , HIGH );
delay(5);                  //延时 5 ms
digitalWrite( 12 , HIGH ); //显示数字"2"的段码
digitalWrite( 11 , LOW );
digitalWrite( 10 , HIGH );
digitalWrite( 9 , HIGH );
digitalWrite( 8 , HIGH );
digitalWrite( 7 , LOW );
digitalWrite( 6 , LOW );
digitalWrite( 5 , HIGH );
digitalWrite( 3 , HIGH );
digitalWrite( 4 , HIGH );
digitalWrite( 2 , LOW );
delay(5);                  //延时 5 ms
}
```

这个程序比较简单,首先在 setup()函数中对段码和位码所对应的端口进行初始化,都设置为输出;然后在 loop()循环函数中做了如下的工作:

步骤 1:送数字"0"的段码,DIG1 对应的位端口有效(低),其他位端口无效(高),延时 5 ms;

步骤 2:送数字"1"的段码,DIG2 对应的位端口有效(低),其他位端口无效(高),延时 5 ms;

步骤 3:送数字"2"的段码,DIG3 对应的位端口有效(低),其他位端口无效(高),延时 5 ms。

这 3 个步骤是不断循环的,每一个循环所用的周期为 15 ms(5 ms+5 ms+5 ms),其扫描频率为 67 Hz,显示时数字是稳定的。

实物显示如图 4-10 所示。

图 4-10 显示不同数字

4.3.3 思考与实践

1. 将每一段延时时间由 5 ms,变为 10 ms,3 个数码管的扫描时间为 30 ms,则扫描频率会变为 33Hz,编译上传后,观测数码管是否有"哆嗦"的感觉。

提示一下:根据个人经验,这种"哆嗦"的感觉从侧面看、靠近数码管看或用眼睛的余光看,效果更明显一些。

2. 每过 2 s,LED 的内容更换为不同的数字,如"012"、"345"、"678"。

3. 显示"滚屏"效果,即屏幕依次显示"012"、"123"、"234"、"345"、"456"、"567"、"678"、"789"数字,每过 1 s 变换一次;然后再反向滚屏,即从"789"滚到"012",这样 LED 数码管上就会形成了一个循环显示。

4. 该数码管是否还可以显示其他字母? 例如,你能不能用这个 3 位数码管显示 32℃呢? 如图 4-11 所示,想一想该如何实现?

图 4-11 显示 32 ℃

提示：注意观察 LED 数码管的正方向与反方向，包括与 Arduino Nano 开发板之间的关系，深入理解段码与数字、字符之间的关系。

4.4 本讲小结

本讲在上一讲点亮一个灯的基础上，开始点亮多个灯。首先是用 3 个 LED 灯来实现流水灯的设计；然后是数码管的控制方式，包括 3 位 LED 数码管同时显示同一个数字的电路连接和程序编写；最后是 3 位 LED 数码管显示不同数字的电路连接和程序编写，涉及静态显示和动态显示，显示不同数字或字符必须用动态显示；在思考部分，让读者思考如何显示数字之外的字符，以及如何活用其小数点实现温度的显示。

第 5 讲

深入理解 Arduino Nano

5.1 单片机与 Arduino

Arduino Nano 的核心 MCU 是 Atmega328P,其本质上就是一种 AVR 单片机。

5.1.1 微机与单片机

1. 微 机

微型计算机(Microcomputer)简称微机,是计算机的一个重要分支。通常,按照计算机的体积、性能和应用范围等条件,将计算机分为巨型机、大型机、中型机、小型机和微型机等。微型计算机不但具有其他计算机快速、精确、程序控制等特点,而且具有体积小、重量轻、功耗低、价格便宜等优点。个人计算机简称 PC(Personal Computer),是微型计算机中应用最为广泛的一种,也是近年来计算机领域中发展最快的一个分支。由于 PC 在性能和价格方面适合个人用户购买和使用,目前,它已经像普通家电一样深入到了家庭和社会生活中的各个方面。

微型计算机系统由硬件系统和软件系统两大部分组成。所谓硬件,就是用手能摸得到的实物。一台微型计算机典型的硬件组成如图 5-1 所示。

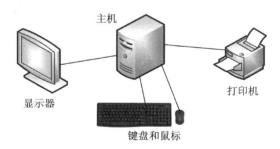

图 5-1 微型计算机典型的硬件组成

软件系统是指微机系统所使用的各种程序的总体,是程序运行所需的数据以及与程序相关文档资料的集合。软件的主体驻留在存储器中,人们通过它对整机进行控制并与微机系统进行信息交换,使微机按照使用者的意图完成预定的任务。

软件分为操作系统和应用软件。此外还有程序设计软件,是用来进行编程的计算机语言工具。程序设计语言主要包括汇编语言和高级语音。这些软件工具一般由专业开发人员使用。

从微观上看,硬件系统是指构成微机系统的实体和装置,通常由运算器、控制器、存储器、输入接口电路和输入设备、输出接口电路和输出设备等组成。其中,运算器和控制器一般集成在一个集成芯片上,统称中央处理单元(Central Processing Unit,CPU),是微机的核心部件,配上存放程序和数据的存储器、输入输出(Input/Output,I/O)接口电路及外部设备构成微机的硬件系统。软件系统与硬件系统共同构成实用的微机系统,两者相辅相成、缺一不可。微型计算机系统组成示意图如图5-2所示。

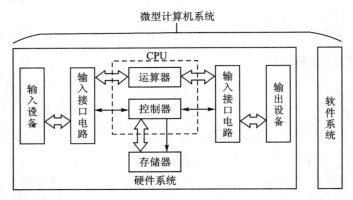

图 5-2 微型计算机系统组成示意图

组成微型计算机的 5 个基本部件如下:

① 运算器。运算器是微型计算机的运算部件,用于实现算术和逻辑运算。微型计算机的数据运算和处理都在这里进行。

② 控制器。控制器是微型计算机的指挥控制部件,使微型计算机各部分能自动协调地工作。

运算器和控制器是微型计算机的核心部分,常把它们合在一起称之为中央处理器,简称 CPU。

③ 存储器。存储器是微型计算机的记忆部件,用于存放程序和数据。存储器分为程序存储器和数据存储器。

④ 输入设备。输入设备用于将程序和数据输入到微型计算机中,如键盘。

⑤ 输出设备。输出设备用于把微型计算机数据计算或加工的结果,以用户需要的形式显示或保存,如显示器、打印机。

通常,把外部存储器、输入设备和输出设备合在一起称之为微型计算机的外部设备,简称外设。

2. 单片机

单片机全称为单片微型计算机(Single-Chip Microcomputer),是指集成在一个芯片上的微型计算机,又称为微控制器(Micro Control Unit,MCU),简称单片机。就是把组成微型计算机的各种功能部件,包括中央处理单元(Central Processing Unit,CPU)、随机存取存储器(Random Access Memory,RAM)、只读存储器(Read-only Memory,ROM)、基本输入/输出(Input/Output,I/O)接口电路、定时/计数器、中断系统等部件集成在一块芯片上,构成一个完整的微型计算机,从而实现微型计算机的基本功能。单片机内部结构示意图如图5-3所示。

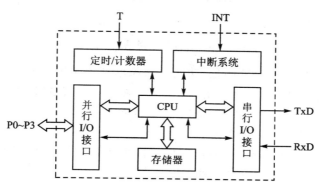

图5-3 单片机内部结构示意图

单片机实质上是一个硬件芯片,在实际应用中,通常很难直接和被控对象进行电气连接,必须外加各种扩展接口电路、外部设备、被控对象等硬件和软件,才能构成一个完整的单片机应用系统。

单片机应用系统是以单片机为核心,配以输入、输出、显示、控制等外部电路和软件,能实现一种或多种功能的实用系统。单片机应用系统是由硬件和软件组成的,硬件是应用系统的基础,软件是在硬件的基础上对其资源进行合理调配和使用,从而完成应用系统所要求的任务,二者相互依赖,缺一不可。单片机应用系统的组成如图5-4所示。

由此可见,单片机应用系统的设计人员必须从硬件和软件两个角度来深入了解单片机,并能够将二者有机结合起来,才能设计出具有特定功能的应用系统或整机产品。

1974年美国Fairchild公司研制出第一台单片机F8,1975年美国德州仪器公司推出了4位微控制器TMS-1000,1976年Intel公司推出了MCS-48系列的8位微控制器,微控制器的发展进入快车道。1980年Intel公司又推出了性能更加强大的MCS-51微控制器,这就是我们现在所说的"51单片机"的祖先。1983年出现了16位微控制器。20世纪90年代后期出现了性能更为强大的32位微控制器。现在已经出现了针对高端应用的64位微控制器。

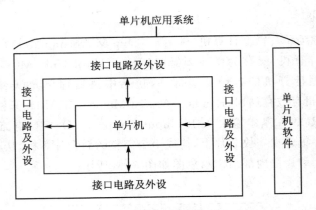

图 5-4 单片机应用系统的组成

微控制器从 4 位发展到 64 位,功能也从简单到复杂进行演进。最初的 4 位、8 位微控制器功能简单,只有 CPU、I/O 口、定时器、小容量 RAM 和 ROM。后来逐渐有了串行通信接口、数模转换器 DAC、模数转换器 ADC、CAN 通信、以太网通信、USB 通信等接口、Flash 等功能。

尽管 32 位单片机已经进入了大规模应用期,但 8 位机和 16 位由于仍然存在性价比高的优势,在未来相当长的时期内会是多种类型单片机共存市场,而且会互相促进,为用户提供更多的选择。

5.1.2 AVR 单片机与 Arduino

现在,单片机的使用领域已经十分广泛,如智能仪表、实时工业控制、通信设备、医用设备、航空航天、导航系统、家用电器等。

Arduino 开发板上的单片机使用的是 Atmel 公司(该公司于 2017 年被 Microchip 公司收购)生产的 AVR 单片机。Alf - Egil Bogen(简称 A 先生)和 Vegard Wollan(简称 V 先生)在挪威理工学院读书时开发了一个精简指令集计算机(RISC)体系结构设计。1997 年 AVR 单片机发布时,他们俩是 Atmel 在挪威特隆赫姆的分公司的雇员。到今天,Atmel 对 AVR 这个缩写的正式解释是"它没有任何特殊的意义",不过坊间充斥的最流行猜测说,AVR 的意思是"A 先生和 V 先生的 RISC"。

相比较早出现的 51 单片机系列,AVR 系列的单片机不仅速度更快,而且片内资源更加丰富,拥有更多更强大的接口,同时具有廉价的优势,在很多场合可以代替 51 单片机。Arduino 所使用的单片机型号,如 ATmega328、ATMega2560,都属于 Atmel 的 8 位 AVR 系列的 ATmega 分支。

与其他 8 bit MCU 相比,AVR 8 位 MCU 最大的特点是:
- 哈佛结构,具备 1MIPS/MHz 的高速运行处理能力;
- 超功能精简指令集(RISC),具有 32 个通用工作寄存器,克服了如 8051 MCU 采用单一 ACC 进行处理造成的瓶颈现象;

> 快速的存取寄存器组、单周期指令系统,大大优化了目标代码的大小、执行效率,部分型号 FLASH 非常大,特别适用于使用高级语言进行开发;
> 作输出时可输出 40 mA(单一输出)的电流,作输入时可设置为三态高阻抗输入或带上拉电阻输入,具备 10~20 mA 灌电流的能力;
> 片内集成多种频率的 RC 振荡器、上电自动复位、看门狗、启动延时等功能,外围电路更加简单,系统更加稳定可靠;
> 大部分 AVR 片上资源丰富,带 E²PROM、PWM、RTC、SPI、UART、TWI、ISP、AD、Analog Comparator、WDT 等;
> 大部分 AVR 除了有 ISP 功能外,还有 IAP 功能,方便升级或销毁应用程序。

目前,AVR 单片机广泛应用在空调控制板、打印机控制板、智能手表、智能手电筒、LED 控制屏、医疗设备等方面,其较高的性价比和开发廉价快捷的特性十分受欢迎。

ArduinoNano 开发板上的 AVR 单片机 ATmega328P 主要封装了 CPU、存储器、时钟和外围设备等,如图 5-5 所示。

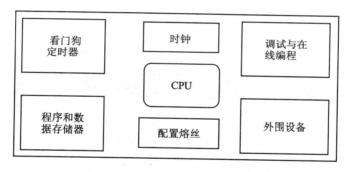

图 5-5　AVR ATmega328 功能部分

看门狗定时器(Watch Dog Timer,WDT)是单片机的一个组成部分,实际上这是一个计数器,工作时给看门狗一个大计数值,程序开始运行后看门狗开始倒计数。如果程序运行正常,过一段时间 CPU 应发出指令让看门狗复位,重新开始倒计数。如果看门狗减数减到 0,就认为程序没有正常工作,强制整个系统复位,就是"狗叫了"。过一段时间让看门狗复位的做法,技术人员称之为"喂狗";如果长时间不"喂狗",狗就会饿,饿了自然就会"汪汪"叫,一叫唤就把主人叫醒了(程序复位了)。

AVR 配置熔丝并不是像熔丝一样只能使用一次,相比其他厂家的芯片,AVR 配置熔丝可以反复擦写,即可以进行多次编程。一般配置熔丝是由外部芯片编程器进行读/写的,配置熔丝控制了单片机的一些运行特性。在没有把握的情况下不要轻易设置熔丝位,以免芯片报废。

时钟系统由一个片内振荡器组成,其时钟频率由外部的晶体或振荡器决定的。因为石英等材料受力产生电性的压电效应,石英或陶瓷被用作产生系统振荡脉冲的谐振元件。这个谐振元件就是 Arduino 片内时钟系统的频率来源，同时，片内也有两个电阻电容振荡器，频率分别是 8.0 MHz 和 128 kHz，这两个振荡器也可以提供时钟的频率。

ATmega328 处理器可工作的电压范围很大，从 1.8～5.5 V 都可以工作，因此很适合用电池供电。

5.2　ATmega328 特性

每个芯片都有自己的数据手册(Datasheet)，数据手册就像是芯片的产品使用说明书，其中详细地说明了芯片的各种功能、性能及使用方法。有些芯片如单片机，还配有用户手册(User Manual)和用例说明。

5.2.1　查找芯片数据手册

这些资料通常可以在芯片的官网下载到。比如目前使用的 ATmega328，可以在 http://www.microchip.com 网站中找到其数据手册(前文说过，microchip 公司收购了 Atmel 公司，故 Atmel 公司产品也成为 Microchip 公司产品的一部分)，如图 5-6 所示。

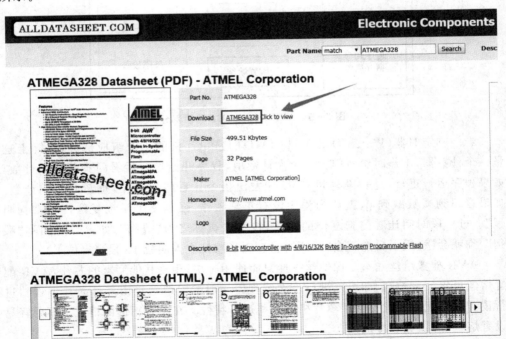

图 5-6　查找数据手册

为了查找和使用方便，通常使用一个通用的芯片数据手册查询网址 http://www.alldatasheet.com。如图 5-7 所示，打开该网址，在搜索栏中输入想要查询的芯片名称即可找到相应的结果，非常方便，所有知名厂商的芯片几乎都搜得到（国产芯片目前还搜不到）。

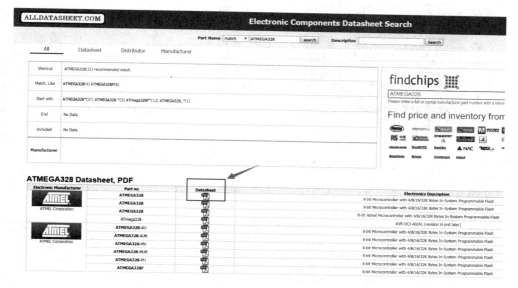

图 5-7 查找数据手册

5.2.2 芯片的特征

1. 封　装

自从微处理芯片诞生以来，各种各样的微处理器得到了快速的发展。处理器需要同其他设备一起工作，为了便于芯片的焊接、插放固定在电路板上，同时为了保护芯片，芯片封装技术便发展起来，如图 5-8 所示。芯片封装是指安装在半导体集成电路芯片的外壳，其不仅起着安放、固定、密封、保护芯片和增强导热性能的作用，而且还是沟通芯片内部电路同外部电路的桥梁。芯片上的接点通过导线连接到封装外壳的引脚上，这些引脚又通过印刷电路板（PCB）上的导线与其他器件建立连接。目前使用的芯片封装叫 TQFP(thin quad flat package，即薄塑封四角扁平封装)。

2. 引脚说明

通过阅读数据手册可以得到芯片引脚的用途说明，图 5-9 和图 5-10 摘抄了两段数据手册中的原文，分别介绍了 PortC 和 ADC。

这一段翻译过来就是：C 端口是一个 7 位的双向 I/O 口，具有内部上拉电阻（每一位可选择）。PC5:0 输出缓冲器具有对称的驱动特性，同时具有高吸收和高输出能力。作为输入，如果上拉电阻被激活的话，具有外部下拉的 C 端口引脚会输出电流。

图 5-8 ATmega328 的封装

当复位发生时,即便时钟尚未驱动,C 端口引脚也是三态状态。

Port C (PC5:0)
Port C is a 7-bit bi-directional I/O port with internal pull-up resistors (selected for each bit). The PC5...0 output buffers have symmetrical drive characteristics with both high sink and source capability. As inputs, Port C pins that are externally pulled low will source current if the pull-up resistors are activated. The Port C pins are tri-stated when a reset condition becomes active, even if the clock is not running.

图 5-9 ATmega328 的引脚模式

ADC7:6 (TQFP and QFN/MLF Package Only)
In the TQFP and QFN/MLF package, ADC7:6 serve as analog inputs to the A/D converter. These pins are powered from the analog supply and serve as 10-bit ADC channels.

图 5-10 ATmega328 的 ADC 功能

这一段翻译过来就是:在 TQFP 和 QFN/MLF 封装中,ADC7 和 ADC6 是内部 ADC(模数转换器)的模拟输入引脚,由模拟电源供电,可用作 10 位 ADC 的输入通道。

其他引脚及相关内容都可以从数据手册中得到详细的说明。当遇到与 MCU 相关的技术难题时,认真读一下数据手册,往往会从中得到启发。

3. ATmega328 的电源系统

ATmega 系列的芯片内部都设有两个独立的电源系统:一个是数字电源,用来给芯片的 CPU 内核、内存和数字型外围设备供电,用 Vcc 标识;另一个是模拟电源,用来给模拟比较器和部分模拟电路供电的,用 AVcc 标识。

ATmega328 芯片支持 3 种不同的供电电压和时钟频率,如表 5-1 所列。

由于 Arduino Nano 是 +5 V 供电的,所以其 MCU 可以工作于最高频率

20 MHz。实际上,Arduino Nano 的 PB6(XTAL1)和 PB7(XTAL2)之间实际接的晶振频率为 16 MHz。

表 5-1 ATmega328 的供电

最高时钟频率/MHz	最小供电电压/V
4	1.8
10	2.7
20	4.5

5.3 ATmega328 的片内外设

AVR 单片机与外界芯片通信是通过其丰富的 I/O 接口进行的,AVR 主要的片内外设包括通用 I/O 口、外部中断、定时/计数器、USRAT(Universal Synchronous/Asynchronous Receiever/Transmitter)和模拟输入等。

1. 通用输入/输出

输入/输出端口作为通用数字 I/O 使用时,所有 AVR I/O 端口都具有读、修改和写功能。每个端口都有 3 个 I/O 存储器地址:数据寄存器、数据方向寄存器和端口输入引脚。每个端口的数据方向寄存器对应每个引脚有一个可编程的位。在复位的情况下该引脚为输入,如果将对应的位置为 1 则为输出。数据寄存器和数据方向寄存器为读/写寄存器,而端口输入引脚为只读寄存器。

关于如何配置引脚,可以参考 ATmega328 的技术手册,在 I/O 端口章节会有详细的讲解。

2. 外部中断

ATmega328 的 INT0 和 INT1 引脚是其外部中断引脚。在 Arduino Nano 开发板上则为 D2、D3 引脚。INT 引脚不仅拥有独立的中断向量,还可以配置为低电平触发、上升沿触发、下降沿触发、上升沿或下降沿触发的触发方式。而引脚变化中断方式则只有在电平变化时才触发,且不能给出 2 个端口中的哪个引脚触发了中断。Arduino 语言中的中断函数是 attachInterrupt()和 detachInterrupt()。这两个函数可以将一个函数连接到 AVR 内核中的可用的外部中断中。每个中断源都可以进行独立的禁止或者触发,熟练地使用中断将会使程序运行不再单一化。

3. 定时/计数器

ATmega328 有 3 个定时/计数器,计数器能记录外界发生的事件,具有计数的功能;定时器是由单片机时钟源提供一个非常稳定的计数源,通常两者是可以互相转换的。其中一个定时/计数器 T/C0 是一个通用的单通道 8 位定时/计数器模块。根据触发的条件不同,其可以在定时器和计数器中转换。

这种定时/计数器还有一个常用的功能是产生 PWM 信号,可以控制两个不同的 PWM 输出。在 Arduino Nano 中是 D5 和 D6 两个引脚。它和另一个定时/计数器相似,都是 8 位的计数器,都有两个 PWM 通道;第二种定时/计数器的两个通道对应的是 Arduino Nano 的 D9 和 D10 引脚。其他的两个定时/计数器都具有不同的特点,有兴趣的读者可以自行查找资料学习和研究。

4. USRAT

USRAT(Universal Synchronous/Asynchronous Receiever/Transmitter)称为通用同步/异步接收/转发器,既可以同步进行接收/转发,也支持异步接收/转发。其主要特点如下:

> 全双工操作(独立的串行接收和转发寄存器);
> 支持异步或同步操作;
> 主机或从机提供时钟的同步操作支持 5,6,7,8 或 9 个数据位和 1 个或 2 个停止位;
> 高精度的波特率发生器;
> 硬件支持的奇偶校验操作;
> 帧错误检测机制;
> 噪声滤波,包括错误的起始位检测以及数字低通滤波器;
> 3 个独立的中断:发送结束中断,发送数据寄存器空中断以及接收结束中断;
> 多处理器通信模式;
> 倍速异步通信模式。

USART 分为 3 个主要部分:时钟发生器、发送器和接收器。时钟发生器包含同步逻辑,通过它将波特率发生器及从其同步操作所使用的外部输入时钟进行同步。USART 支持 4 种模式的时钟:正常的异步模式、倍速的异步模式、主机同步模式和从机同步模式。发送器包括一个写缓冲器、一个串行移位寄存器、一个奇偶发生器、处理不同的帧格式所需的控制逻辑单元。接收器具有时钟和数据恢复单元,它是 USART 模块中最复杂的。接收器支持与发送器相同的帧格式,而且可以检测帧错误,数据过速和奇偶校验错误。

5. 模拟参考(AREF)电压

模拟参考(Analog reference,简称 AREF)电压引脚有几种不同的用法,它连在芯片内部模拟转换电路(ADC)外围设备的参考输入端。参考输入电压是电压测量范围的上限,对单端 ADC 转换来说,下限则是地。ATmega328 只支持单端 ADC 转换,而有的芯片(如 ATmega2560)可以做两个输入端之间的差分电压测量。ADC 电路拿某个模拟输入引脚的电压值和模拟参考输入做比较,结果数值就是输入电压和参考电压的比值。

在软件中,ADC 可以选择几个模拟参考源:AVcc、内部 1.1 V 参考电压,或者连接在AREF引脚的外部电压源。无论是使用AVcc还是内部参考电压,都可以在AREF引脚和地之间接一个外部去耦电容,以提高参考电压的稳定性。

如果外部接了一个参考电压源电路,千万不要通过软件选择任何其他参考源选项,因为一旦选择,就会把内部和外部两个参考电压源连在一起,而它们的电压根本不同,因此会损坏电路。

Arduino Nano 把 AREF 引脚连在电源扩展插座上,让用户来用,同时还在AREF 和地之间接了一个 0.1 μF(100 nF)的电容(编号为C1)。如果该引脚未接入外部参考源,系统上电后默认的参考源为AVcc,而AVcc外接+5 V。

6. 模拟输入

ATmega328 有 8 个模拟输入的端口。在 Arduino Nano 上,模拟输入的端口为标着 A0~A5 的 6 个复用的输入/输出口,还有两个专用的 A6、A7 模拟输入口。由于 ATmega328 的 ADC 是 10 位的,而默认的 AREF 为 5 V,故这些模拟输入的电压范围在 0~5 V,工作时将输入的电压转化为 0~1 023 的对应值。

5.4 中断下的按键控制灯

能否很好地利用中断进行恰当的编程,是判断一个单片机工作者是否入门的标志之一。前文已经对中断原理及中断函数进行过相关说明,与中断相关的有两个函数,一个是中断设置函数 attachInterrupt(),另一个是中断取消函数 detachInterrupt()。

5.4.1 电路连接

从本节开始,将使用如图 5-11 所示的电路连接示意图来表示 Arduino Nano 开发板的连接关系,注意实物图与示意图的对应关系。

本例仍然是一个按键控制灯亮灭的例程,这个例程的非中断控制方式在 4.4 节中进行过相关介绍,但用的不是同样的引脚。如图 5-11 所示,D2 用作输入功能(INPUT),D12 用作输出功能。当没有按键按下时,由于上拉电阻的作用,读到的值应该是高电平,即逻辑 1;当按键被按下时,D2 被拉低至 GND,读到的值是逻辑 0。D12 用来驱动 LED 的亮和灭。连接后的实物如图 5-12 所示。

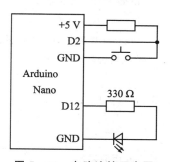

图 5-11 电路连接示意图

为何要用 D2 作为中断入口?这和 Arduino 的中断设置函数有很大关系。我们在学习中断设置函数时,对于中断源的说明中曾经有"中断源可选 0 或者 1,对应 D2 或者 D3 数字引脚"的说法。因此,外部中断引脚只能选择 D2 或 D3,其他引脚不支持。

图 5-12 电路连接实物图

5.4.2 程序说明

其编程思想为:

在 setup()函数中,设置 D2 为输入引脚,用来监控按键是否被按下;设置 D12 为输出引脚,用来驱动 LED;设置允许引脚中断,在下降沿引发中断。

在 loop()函数中,不做任何操作。

在中断程序中,通过判断标志数据来决定开灯还是关灯。

```
int LED_Flag = 0;            // LED_Flag 被初始化为 0,设置为整数量 int
void setup()
{
  pinMode(12, OUTPUT);       //设置 D12 引脚为输出
  pinMode(2, INPUT);         //设置 D2 引脚为输入
  //Enable 中断引脚,中断服务程序为 onChange(),监视引脚变化
  attachInterrupt( 0, onChange, FALLING);    //中断号选择为 0,其中断源来自 D2
}
void loop()
{
}
//中断服务程序
void onChange()
{
  if(LED_Flag == 0)          //LED_Flag 初始化为 0,奇数次进入灯亮
  {
    LED_Flag = 1;
```

```
        digitalWrite(12 , HIGH);
    }
    else                    //偶数次进入灯灭
    {
        LED_Flag = 0;
        digitalWrite(12 , LOW);
    }
}
```

将上述程序编译下载,实验现象应该为:按一下开关,灯亮;再按一下,灯灭。

5.5 定时器下的 LED 闪烁

5.5.1 定时器及电路连接

前述 LED 闪烁控制中都用了 delay 函数,其参数表示延时了多少 ms。这种延时控制在初步编程中可以使用,但由于 delay 函数本质上是 CPU 在循环耗时,在 delay 期间不能干别的事情,只能是单一任务。而比较复杂的程序一般需要同时处理多个任务,例如,既要显示,又要和别的系统进行数据交换,还要接收来自按键的命令等,此时再用 delay 函数就显得比较吃力了,甚至完不成相关任务了。

LED 闪烁是一种比较简单的程序,可以用 delay 函数实现,也可以用定时器的方式实现,而复杂的程序只能用定时器的方式来实现。而能否很好地利用定时器来实现定时的功能,也是判断一个单片机工作者是否入门的标志之一。

计算机为什么要采用定时器?用于产生时间基础。比如有一个邮箱程序,需要每隔 1 s 查询是否有新的邮件发送来,那么使用定时器的方式就非常合适了。

定时器可以在配置的时候设定一个定时时间,当时间到达时,产生一个中断,在中断里进行事件的处理即可。

其实 Arduino 里面有一个闹钟(定时器)就是定时器 2,它有一个库可以直接操作的,即 MsTimer2。但 MsTimer2 不在软件的内部库中,它属于贡献库(Contributed 库),因此需要安装一下。

从网上搜索下载 MsTimer2 的库文件,如果是压缩文件,解压缩后把 MsTimer2 文件夹复制到 libraries 文件夹下;如果是最新版本的 Arduino 软件,软件可以直接识别这个库。如果是早期版本,可能需要自己添加一下这个库函数。

在使用该库时,选择"加载库 → MsTimer2"即可在程序中添加"#include <MsTimer2.h>",如图 5-13 所示,即可使用定时器中断来进行程序设计了。

实验连接如图 5-14 所示。

十天学会智能车——基于Arduino

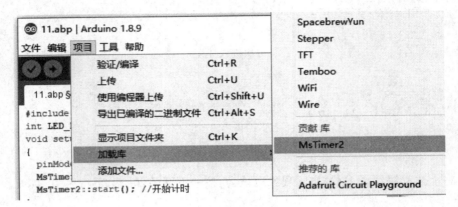

图 5-13 加载 MsTimer2 库

图 5-14 电路连接图

5.5.2 程序说明

```
#include <MsTimer2.h>          //定时器库的头文件
int LED_Flag = 0;               //计数值
void setup()
{
  pinMode(12, OUTPUT);          //设置引脚为输出
  MsTimer2::set(1000, onTimer); //设置中断,每1 000 ms 进入一次中断服务程序 onTimer()
  MsTimer2::start();            //开始计时
}
void loop()
{
}
//中断服务程序
void onTimer()
{
  if(LED_Flag == 0)
```

```
    {
        LED_Flag = 1;
        digitalWrite(12 , HIGH);
    }
    else
    {
        LED_Flag = 0;
        digitalWrite(12 , LOW);
    }
}
```

由于每 1 000 ms 进入一次中断服务程序 onTimer(),第一次进入该程序时,显然符合 if 中的条件,于是执行了"LED_Flag=1"并且 D12 置为高电平,LED 亮;等再过 1 000 ms 进入该中断程序时,就执行 else 中的程序,执行了"LED_Flag=0"并且 D12 置为低电平,LED 灭;下次进入又符合 if 中的条件,如此反复。因此,上述程序经过编译下载后现象为:LED 灯每隔 1 s 闪烁一次。

1. MsTimer2::set(1000, onTimer)

这是个带参数的设置函数,其中,1 000 代表 1 000 ms,onTimer 是中断服务函数的名字。这两个参数都是可以设置的。如果想设置中断为 5 ms,中断服务起名字为 hamber,则可以设置为:

```
MsTimer2::set(5, hamber);
```

2. MsTimer2::start()

此函数为使能函数,即让设置开始运行,在调用该函数后,就根据设置的参数运行。

上述两个函数,只能放到 setup()程序中,因为只需要运行一次即可。

5.5.3 思考与实践

1. 修改小灯的闪烁间隔时间,分别改为 0.5 s 和 2 s,观察现象。
2. 在按键控制的基础上,加另一个 LED 灯。一个 LED 用按键控制,按下一次,亮和灭变换;另一个 LED,每隔 2 s 闪烁一次。

5.6 蜂鸣器播放音乐

5.6.1 蜂鸣器及电路连接

蜂鸣器分为有源蜂鸣器和无源蜂鸣器两种。

有源蜂鸣器与无源蜂鸣器的区别:内部是否有振荡源。注意,这里的"源"不是指电源,而是指振荡源。有源蜂鸣器内部带振荡源,所以只要一通电就会叫;无源蜂鸣器内部不带振荡源,所以如果用直流信号无法令其鸣叫。必须用一定频率的波形脉冲信号去驱动它。这里选用无源蜂鸣器,实物图如图 5-15 所示。

图 5-15　无源蜂鸣器实物图

在蜂鸣器的正面会有一个"+"标志,标志背面就是蜂鸣器的正极。简易无源蜂鸣器的驱动电路简单,只需要把蜂鸣器正极接到 5 V,负极接到 D2 引脚,此时只需要控制 D2 引脚的输出频率就能控制蜂鸣器的声调。具体电路如图 5-16 所示。

一般来说,所用的蜂鸣器引脚并不符合标准尺寸,所以像图 5-16 那样插入面包板实际上是比较困难的,虽然将引脚掰弯后还是可以插入的。更实用的做法是用两根公母头杜邦线:两个公头插面包板,两个母头插蜂鸣器引脚,可以方便进行实验。

图 5-16　蜂鸣器驱动实验

5.6.2　音乐分析

人的耳朵能听到的声音频率范围为 20~20 000 Hz。若声音频率低于 20 Hz,称为次声波;若声音频率大于 20 000 Hz,称为超声波;次声波和超声波都是人耳不能听到的。

但实际上人能发出的声音是要低于这个频段的,一般认为人的发声范围是 65~1 100 Hz。深沉的男低音发出的最低音的频率可达 65.4 Hz,花腔女高音发出的最高音的频率可达 1 177.2 Hz。国际通信标准制定为 300~3 400 Hz,基本覆盖了人声的范围。

声音特性包括了如下特性:

1. 响度(loudness)

人主观上感觉声音的大小(俗称音量)，由"振幅"(amplitude)和人离声源的距离决定，振幅越大响度越大，人和声源的距离越小，响度越大。

2. 音调(pitch)

声音的高低(高音、低音)，由"频率"(frequency)决定，频率越高音调越高(频率单位 Hz)。

3. 音色(Timbre)

又称音品，波形决定了声音的音色。声音因不同物体材料的特性而具有不同特性，音色本身是一种抽象的东西，但波形是把这个抽象进行了直观的表现。音色不同，波形则不同。典型的音色波形有方波、锯齿波、正弦波、脉冲波等。不同的音色，通过波形，完全可以分辨出来。

4. 乐音

有规则的让人愉悦的声音。噪音：从物理学的角度看，由发声体作无规则振动时发出的声音。

现在我们的任务是用蜂鸣器演奏出音乐，以《欢乐颂》为例，其简谱如图 5-17 所示。

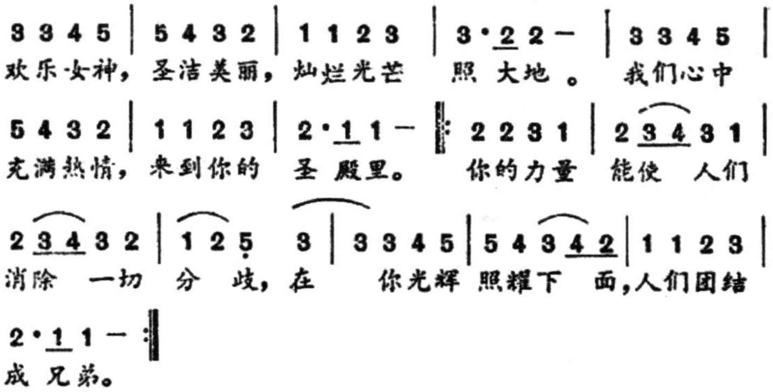

```
3 3 4 5 | 5 4 3 2 | 1 1 2 3 | 3·2 2 — | 3 3 4 5 |
欢乐女神， 圣洁美丽， 灿烂光芒   照 大地。  我们心中

5 4 3 2 | 1 1 2 3 | 2·1 1 — ‖: 2 2 3 1 | 2 3 4 3 1 |
充满热情， 来到你的   圣 殿里。    你的力量  能使 人们

2 3 4 3 2 | 1 2 5  3 | 3 3 4 5 | 5 4 3 2 | 1 1 2 3 |
消除 一切 分 歧，在   你光辉 照耀下  面，人们团结

2·1 1 — :‖
成 兄弟。
```

图 5-17 《欢乐颂》简谱

为了能够理解后面程序和音调、节拍之间的关系，将相关音调对应频率列于表 5-2 中。

表 5-2 各音调对应频率

频率/Hz	do(1)	re(2)	mi(3)	fa(4)	sol(5)	la(6)	si(7)
低(D)	262	294	330	349	392	440	494
中(M)	523	587	659	698	784	880	988
高(H)	1046	1175	1318	1397	1568	1760	1926

5.6.3 音乐程序

```
//D1 - D7 为低音"do(1) re(2) mi(3) fa(4) sol(5) la(6) si(7)"
#define D1 262
#define D2 294
#define D3 330
#define D4 349
#define D5 392
#define D6 440
#define D7 494

//M1 - M7 为中音"do(1) re(2) mi(3) fa(4) sol(5) la(6) si(7)"
#define M1 523
#define M2 587
#define M3 659
#define M4 698
#define M5 784
#define M6 880
#define M7 983

//H1 - H7 为高音"do(1) re(2) mi(3) fa(4) sol(5) la(6) si(7)"
#define H1 1046
#define H2 1175
#define H3 1318
#define H4 1397
#define H5 1568
#define H6 1760
#define H7 1926

int tune[] =           //根据简谱列出各频率
{
  M3,M3,M4,M5,    M5,M4,M3,M2,    M1,M1,M2,M3,    M3,M2,M2,
  M3,M3,M4,M5,    M5,M4,M3,M2,    M1,M1,M2,M3,    M2,M1,M1,
  M2,M2,M3,M1,    M2,M3,M4,M3,M1, M2,M3,M4,M3,M2, M1,M2,D5,M3,
  M3,M3,M4,M5,    M5,M4,M3,M4,M2, M1,M1,M2,M3,    M2,M1,M1
};
float durt[] =         //根据简谱列出各节拍
{
  1,1,1,1,        1,1,1,1,        1,1,1,1,        1.5,0.5,2,
  1,1,1,1,        1,1,1,1,        1,1,1,1,        1.5,0.5,2,
  1,1,1,1,        1,0.5,0.5,1,1,  1,0.5,0.5,1,1,  1,1,1,1,
```

```
  1, 1, 1, 1,      1, 1, 1,0.5,0.5,    1, 1, 1, 1,        1.5,0.5,2,
};
int length;
void setup()
{
  pinMode(2, OUTPUT);                    //D2 引脚设置为输出
  length = sizeof(tune)/sizeof(tune[0]); //计算乐曲长度
}
void loop()
{
  for(int x = 0;x<length;x ++ )
  {
    tone(2, tune[x]);                    //D2 端口输出对应频率
    delay(500 * durt[x]);                //根据节拍调节延时,500 这个参数可以自己调整
    noTone(tonepin);
  }
  delay(1000);                           //乐曲播放完毕,停顿 1 s,然后继续播放
}
```

程序中,在 #define 一节首先定义了低、中、高三种标准下的 do(1)、re(2)、mi(3)、fa(4)、sol(5)、la(6)、si(7)对应的声音频率。

tune[]数组定义了所有的音调,如 M3 代表中 mi(3),其他类推;而 durt[]数组则定义了节拍,一个节拍为 1,1/2 个节拍为 0.5,1/4 个节拍为 0.25。

在保证硬件连接正确的情况下,将上述程序编译下载后,就可以欣赏自己编制的音乐了。

5.6.4 思考与实践

自己找一首歌的简谱,根据简谱来编写程序,演奏该首歌曲,以下推荐歌曲在网上很容易下载到简谱。

推荐音乐 1:《东方红》

推荐音乐 2:《虫儿飞》

推荐音乐 3:《我和你》

推荐音乐 4:《蓝精灵之歌》

推荐音乐 5:《茉莉花》

推荐音乐 6:《敖包相会》

推荐音乐 7:《歌唱祖国》

推荐音乐 8:《断桥残雪》

自己能得到的其他简谱,都可以用来演奏。

5.7 本讲小结

本讲介绍了单片机的来历,以及 AVR 单片机的发展历史、基本特性,重点对 Arduino Nano 的核心 MCU(ATmega328P)的基本数据和特征进行了介绍,特别是其片内外设情况,为后续的中断和定时器编程打下基础。通过中断下的按键控制灯、定时器下的 LED 闪烁、蜂鸣器播放音乐 3 个程序,进一步加深对 Arduino 编程的理解,为后续的智能车编程打下基础。

第6讲

Arduino 编程进阶

6.1 运算符

1. 赋值运算符

=(等于):为指定某个变量的值,例如,A=x,将 x 变量的值放入 A 变量。
+=(加等于):B+=x 与 B=B+x 表达式相同。
同理,上述赋值运算符中的"+"可以换为其他的运算,如减、乘、与、或、非等。

2. 算数运算符

+(加):对两个值进行求和,例如,A=x+y,将 x 与 y 变量的值相加,其和放入 A 变量。

−(减):对两个值进行做差,例如,B=x−y,将 x 变量的值减去 y 变量的值,其差放入 B 变量。

*(乘):对两个值进行乘法运算,例如,C=x*y,将 x 与 y 变量的值相乘,其积放入 C 变量。

/(除):对两个值进行除法运算,例如,D=x/y,将 x 变量的值除以 y 变量的值,其商放入 D 变量。

%(取余):对两个值进行取余运算,例如,E=x%y,将 x 变量的值除以 y 变量的值,其余数放入 E 变量。

3. 逻辑运算符

逻辑运算符 &&(与运算):对两个表达式的布尔值进行按位与运算,例如,(x>y)&&(y>z),若 x 变量的值大于 y 变量的值,且 y 变量的值大于 z 变量的值,则其结果为 1,否则为 0。

||(或运算):对两个表达式的布尔值进行按位或运算,例如,(x>y)||(y>z),若 x 变量的值大于 y 变量的值,或 y 变量的值大于 z 变量的值,则其结果为 1,否则为 0。

!(非运算):对某个布尔值进行非运算,例如,!(x>y),若 x 变量的值大于 y 变量的值,则其结果为 0,否则为 1。

4. 递增/减运算符

＋＋(加1):将运算符左边的值自增1

例如,x++,将 x 变量的值加1,表示在使用 x 之后,再使 x 值加1。

——(减1),将运算符左边的值自减1

例如,x——,将 x 变量的值减1,表示在使用 x 之后,再使 x 值减1。

6.2 if 语句

6.2.1 if 条件判断语句的语法

在考虑问题和解决问题的过程中,事情的发展方向会出现不同的分支,需要进行判断再做出不同的行为。这里就需要用到条件语句,有些语句并不是一直执行的,需要一定的条件去触发。同时,针对同一个变量,不同的值进行不同的判断,也需要用到条件语句。

同样,程序如果需要运行一部分,也可以进行条件判断。if 的语法如下:

```
if(delayTime<100)
{
  delayTime = 1000;
}
```

如果 if 后面的条件满足,就执行{ }内的语句;如果不满足,则不执行。
此外,if 语句另一种形式也很常用,即 if…else 语句。这种语句语义为:在条件成立时执行 if 语句下括号的内容,不成立时执行 else 语句下的内容。

示例:

```
if(delayTime<100)
{
  delayTime = 1000;
}
else
{
  delayTime = 900;
}
```

如果当前的 delay=60,由于符合 if 条件,所以运行过这段程序后,delay=1000;
如果当前的 delay=120,显然符合 else 条件,所以运行过这段程序后,delay=900。

6.2.2 实 验

我们在最初的实验中用 Arduino 点亮一个 LED,LED 只能常亮,或者定周期闪烁。若想要让它闪烁得越来越快，或者越来越慢需要怎么做呢？这里使用刚刚学到的 if 语句来实现。

该实验的电路连接与 LED 闪烁电路相同，使用 D12 引脚通过电阻连接 LED 的阳极，LED 阴极接地。

```
int ledPin = 12;
int delayTime = 1000;
void setup()
{
  pinMode(ledPin,OUTPUT);
}
void loop()
{
  digitalWrite(ledPin,HIGH);        //点亮小灯
  delay(delayTime);                 //延时，该 delayTime 是变化的
  digitalWrite(ledPin,LOW);         //熄灭小灯
  delay(delayTime);                 //延时，该 delayTime 是变化的
  delayTime = delayTime - 100;      //每次将延时时间减少 0.1 s
  if(delayTime<100)
  {
    delayTime = 1000;               //当延时时间小于 0.1 s 时,重新校准延时为 1 s
  }
}
```

这个程序用到了 if 条件判断语句，程序每次运行到 if 语句时都会进行检查，在 delayTime>=100 时，大括号里面的 delayTime=1000 是不执行的。但每次循环，delayTime 都会减少 100，那么每次亮和灭的时间就会减少，所以就会越闪烁越快。

由于 delayTime 不断减少，总有符合 delayTime<100 的时候，那么 delayTime =1000 被执行，delayTime 的值改变成为 1000，并进入到下一次循环中。

6.3 switch 语句

6.3.1 switch 语句语法

switch 是"开关"的意思，它也是一种"选择"语句，但它的用法非常简单。switch 是多分支选择语句。说得通俗点，多分支就是多个 if 语句的组合。

从功能上说，switch 语句和 if 语句完全可以相互取代。但从编程的角度，它们又各有各的特点，所以至今为止也不能说谁可以完全取代谁。

当嵌套的 if 比较少时(3 个以内)，用 if 编写程序会比较简洁。但是当选择的分支比较多时，嵌套的 if 语句层数就会很多，导致程序冗长，可读性下降。if 的嵌套层

数过多,就会像"意大利面条"一样分不清头绪了。因此,C语言提供 switch 语句来处理多分支选择。所以 if 和 switch 可以说是分工明确的。在很多大型的项目中,多分支选择的情况经常会遇到,所以 switch 语句用得还是比较多的。

switch 的一般形式如下:

```
switch(表达式)
{
    case 常量表达式 1:     语句 1
        Break;
    case 常量表达式 2:     语句 2
        Break;
     ⋮
    case 常量表达式 n:     语句 n
        Break;
    Default:             语句 n+1
        Break;
}
```

说明:

① switch 后面括号内的"表达式"必须是整数类型。也就是说,可以是 int 型变量、char 型变量,也可以直接是整数或字符常量,哪怕是负数都可以。但绝对不可以是实数、float 型变量、double 型变量等,这些全部都是语法错误。

② switch 下的 case 和 default 必须用一对大括号{ }括起来。

③ 当 switch 后面括号内"表达式"的值与某个 case 后面的"常量表达式"的值相等时,就执行此 case 后面的语句。执行完一个 case 后面的语句后,流程控制转移到下一个 case 继续执行。如果只想执行这一个 case 语句,不想执行其他 case,那么就需要在这个 case 语句后面加上 break,跳出 switch 语句。

再重申一下:switch 是"选择"语句,不是"循环"语句。很多新手看到 break 就以为是循环语句,因为 break 一般给我们的印象都是跳出"循环",但 break 还有一个用法,就是跳出 switch。

④ 若所有 case 中常量表达式的值都没有与 switch 后面括号内"表达式"的值相等的,就执行 default 后面的语句,default 是"默认"的意思。如果 default 是最后一条语句,那么其后就可以不加 break,因为既然已经是最后一句了,则执行完后自然就退出 switch 了。

⑤ 每个 case 后面"常量表达式"的值必须互不相同,否则就会出现互相矛盾的现象,而且这样写会造成语法错误。

⑥ "case 常量表达式"只是起语句标号的作用,并不是在该处进行判断。在执行 switch 语句时,根据 switch 后面表达式的值找到匹配的入口标号,就从此标号开始执行下去,不再进行判断。

⑦ 各个 case 和 default 的出现次序不影响执行结果,但从阅读的角度最好是按字母或数字的顺序写。

⑧ 当然也可以不要 default 语句,就跟 if…else 最后不要 else 语句一样。但最好是加上,后面可以什么都不写,这样可以避免别人误以为你忘了进行 default 处理,而且可以提醒别人 switch 到此结束了。

注意,default 后面可以什么都不写,但是后面的冒号和分号千万不能省略,省略了就是语法错误。很多新手在这个地方很容易出错,要么忘了分号,要么忘了冒号,所以要注意啊!

6.3.2 实 验

使用开发套件中的共阴极数码管做实验。数码管在面包板上的接线图,与驱动 LED 相似,为了保护数码管的 LED 灯,我们在每一位的公共端串联一个 330 Ω 的电阻,并且都接入 GND 端,即同时有效,这样就避免了控制每个位的麻烦,通过简化程序来讲解基本原理,化繁为简。读者在掌握了基本原理以后,可以再化简为繁,编出更加高明的程序。

我们只控制位端口,让每一位都对应一个 GPIO 口,还是把数码管的 g、c、dp、d、e、b、f、a 段分别接到了 D5、D6、D7、D8、D9、D10、D11、D12 口,这样只要控制 GPIO 口的输出状态就能控制显示内容了。

我们试着将 0~9 这 10 个数字都显示出来,数码管隔一段时间显示一个数字。所以,程序上需要将数码管的 3 个共阴极与 8 个阳极连接的 Arduino 引脚都初始化为输出模式,然后在 loop()中显示一个数字后加一个 delay 函数延时,这样就可以做到数码管 0 到 9 的轮回显示。建议读者自己写一个程序试一下。

这里给出一种写法,供读者参考。

```
int numDisplay = 0;
void setup()
{
  pinMode( 12 , OUTPUT );      //设置 D12 引脚为输出模式
  pinMode( 11 , OUTPUT );      //设置 D11 引脚为输出模式
  pinMode( 10 , OUTPUT );      //设置 D10 引脚为输出模式
  pinMode( 9 , OUTPUT );       //设置 D9 引脚为输出模式
  pinMode( 8 , OUTPUT );       //设置 D8 引脚为输出模式
  pinMode( 7 , OUTPUT );       //设置 D7 引脚为输出模式
  pinMode( 6 , OUTPUT );       //设置 D6 引脚为输出模式
  pinMode( 5 , OUTPUT );       //设置 D5 引脚为输出模式
}
void setAllPinLow()            //所有的段码设置为 LOW
{
    digitalWrite( 12 , LOW );
```

```
    digitalWrite( 11 , LOW );
    digitalWrite( 10 , LOW );
    digitalWrite( 9 , LOW );
    digitalWrite( 8 , LOW );
    digitalWrite( 7 , LOW );
    digitalWrite( 6 , LOW );
    digitalWrite( 5 , LOW );
}
void loop()
{
    numDisplay ++ ;            //让要显示的数字滚动起来
    delay(600);                //延时
    if(numDisplay > 9)
    {
        numDisplay = 0;
    }
    switch(numDisplay)
    {
        case 0:                //显示 0
            setAllPinLow();
            digitalWrite( 12 , HIGH );
            digitalWrite( 11 , HIGH );
            digitalWrite( 10 , HIGH );
            digitalWrite( 9 , HIGH );
            digitalWrite( 8 , HIGH );
            digitalWrite( 6 , HIGH );
            break;
        case 1:
            setAllPinLow();
            digitalWrite( 10 , HIGH );
            digitalWrite( 6 , HIGH );
            break;
        case 2:
            setAllPinLow();
            digitalWrite( 12 , HIGH );
            digitalWrite( 10 , HIGH );
            digitalWrite( 9,  HIGH );
            digitalWrite( 8,  HIGH );
            digitalWrite( 5,  HIGH );
            break;
        case 3:
            setAllPinLow();
```

```
        digitalWrite( 12 , HIGH );
        digitalWrite( 10 , HIGH );
        digitalWrite( 8  , HIGH );
        digitalWrite( 6  , HIGH );
        digitalWrite( 5  , HIGH );
        break;
    case 4:
        setAllPinLow();
        digitalWrite( 11 , HIGH );
        digitalWrite( 10 , HIGH );
        digitalWrite( 6  , HIGH );
        digitalWrite( 5  , HIGH );
        break;
    case 5:
        setAllPinLow();
        digitalWrite( 12 , HIGH );
        digitalWrite( 11 , HIGH );
        digitalWrite( 8  , HIGH );
        digitalWrite( 6  , HIGH );
        digitalWrite( 5  , HIGH );
        break;
    case 6:
        setAllPinLow();
        digitalWrite( 12 , HIGH );
        digitalWrite( 11 , HIGH );
        digitalWrite( 9  , HIGH );
        digitalWrite( 8  , HIGH );
        digitalWrite( 6  , HIGH );
        digitalWrite( 5  , HIGH );
        break;
    case 7:
        setAllPinLow();
        digitalWrite( 12 , HIGH );
        digitalWrite( 10 , HIGH );
        digitalWrite( 6  , HIGH );
        break;
    case 8:
        setAllPinLow();
        digitalWrite( 12 , HIGH );
        digitalWrite( 11 , HIGH );
        digitalWrite( 10 , HIGH );
        digitalWrite( 9  , HIGH );
```

```
        digitalWrite( 8  , HIGH );
        digitalWrite( 6  , HIGH );
        digitalWrite( 5  , HIGH );
        break;
    case 9:
        setAllPinLow();
        digitalWrite( 12 , HIGH );
        digitalWrite( 11 , HIGH );
        digitalWrite( 10 , HIGH );
        digitalWrite( 8  , HIGH );
        digitalWrite( 6  , HIGH );
        digitalWrite( 5  , HIGH );
        break;
    default:break;
    }
}
```

这个程序中用到了一个子函数 setAllPinLow()，是把所有的段码设置为低电平的，在每次设置引脚前调用一次，后面只写置高电平的段就可以了，简化程序。

6.4 for 语句

6.4.1 for 语句语法

循环语句用来重复执行某一些语句，为了避免死循环，必须在循环语句中加入条件，满足条件时执行循环，不满足条件时退出循环。

在 loop() 函数中，程序执行完一次之后会返回 loop 中重新执行，在内建指令中同样有一种循环语句可以进行更准确地循环控制——for 语句。for 循环语句可以控制循环的次数。

for 循环包括 3 个部分：

for(初始化,条件检测,循环状态)
{
循环内容
}

初始化语句是对变量进行条件初始化，条件检测是对变量的值进行条件判断，如果为真，则运行 for 循环语句大括号中的内容；若为假，则跳出循环。循环状态则是在大括号语句执行完成之后，执行循环状态语句，之后重新执行条件判断语句。

注意，arduino 中的 loop()，就是一个无限循环函数。

6.4.2 实　验

同样以闪灯程序为例，这次是让小灯每闪烁 5 次之后停顿 3 s。
程序如下：

```
int ledPin = 12;
int delayTime = 1000;              //定义延时变量 delayTime 为 1 s
int delayTime2 = 3000;             //定义延时变量 delayTime2 为 3 s
int count = 0;                     //定义计数器变量并初始化为 0
void setup()
{
  pinMode(ledPin, OUTPUT);
}
void loop()
{
  for(int count = 0;count＜5;count ++ )     //for 循环共运行 5 次
  {
    digitalWrite(ledPin,HIGH);
    delay(delayTime);
    digitalWrite(ledPin,LOW);
    delay(delayTime);
  }
  delay(delayTime2);               //延时 3 s
}
```

程序中使用了一些变量，如 ledPin、delayTime、delayTime2 等，也许有初学者会问：定义这些变量似乎程序变得更复杂了，为什么还要定义这些变量呢？

实际上，如果程序中多处用到某一个参数，如 delayTime，当该参数改变时，只需要修改定义处的值即可，而不必在程序中多次修改，这当然是简化了编程。初学者会有此疑问也是正常的，因为我们所举的例子都是比较简单的。对于动辄成千上万行的程序来说，如果某个值在程序中出现的次数越多，这种变量表示法的优势也就越大。

6.5　函　数

6.5.1　函数的封装与调用

编写程序的过程中，有时一个功能需要多次使用，反复写同一段代码既不方便又难以维护。开发语言提供的函数有时无法满足特定的需求，同时，一些功能写起来并不容易，为了方便开发和阅读维护，函数的重要性便不言而喻，使用函数可以使程序变得简单。

函数就像一个程序中的小程序，一个函数实现的功能可以是一个或多个功能，但是函数并不是实现的功能越多、越强大就越好。优秀的函数往往是功能单一的，调用起来非常方便。一个复杂的功能很多情况下是由多个函数共同完成的。

继续以闪烁 LED 为例，LED 灯要闪烁 5 次，闪灯这个功能可以封装到一个函数里面，当多次需要闪灯的时候便可以直接调用这个闪灯函数了。

6.5.2 函数示例

```
int ledPin = 13;
int delayTime = 1000;                    //定义延时变量 delayTime 为 1 s
int delayTime2 = 3000;                   //定义延时变量 delayTime2 为 3 s
void setup()
{
  pinMode(ledPin,OUTPUT);
}
void loop()
{
  for(int count = 0;count<5;count ++ )   //调用 5 次闪烁函数
  {
    flash();
  }
  delay(delayTime2);                     //延时 3 s
}

void flash()                             //定义无参数的闪灯函数
{
  digitalWrite(ledPin,HIGH);
  delay(delayTime);
  digitalWrite(ledPin,LOW);
  delay(delayTime);
}
```

也可以定义有参数的函数，我们可以将闪灯定义为有参数的函数，参数是闪烁的次数：

```
void flash(int flashCount)               //定义有参数的闪灯函数
{
    for(int count = 0;count< flashCount;count ++ )//调用 flashCount;count 次闪烁函数
    {
        digitalWrite(ledPin,HIGH);
        delay(delayTime);
```

```
        digitalWrite(ledPin,LOW);
        delay(delayTime);
    }
}
```

如果是非空类型的函数,则在构造函数时应注意函数的返回值应和函数的类型保持一致,调用该函数时函数返回值应和变量的类型保持一致。下例是具有返回值的函数 Max():

```
int Max(int a,int b)        //定义具有参数和返回值的求两个数最大值的函数
{
    if(a>=b)
    {
        return a;           //a>=b 时返回 a
    }
    else
    {
        return b;           //a<b 时返回 b
    }
}
```

6.5.3 函数的参数

在改进的闪灯例子中,flash()函数有一个整型的参数 flashCount,称为形参,全名为形式参数。形参是在定义函数名和函数体时使用的参数,目的是用来接收调用该函数时传递的参数,值一般不确定。形参变量只有在被调用时才分配内存单元,调用结束即刻释放所分配的内存单元。因此,形参只在函数内部有效。函数调用结束返回主调用函数后则不能再使用该形参变量。

loop()函数中 flash 接收的参数 flashCount,称为实参,全名为实际参数。实参是传递给形参的值,具有确定的值。实参和形参在数量上、类型上、顺序上应严格一致,否则将会发生类型不匹配的错误。

6.6 输入输出测试

Arduino 独立能够完成的事情很少,很多情况下 Arduino 需要其他装置(如传感器、网络扩展板、电机等)协调进行工作。Arduino 开发板具有很多数字输入/输出引脚和模拟输入/输出引脚,这些引脚相当于 Arduino 与其他装置连接的桥梁,Arduino 驱动这些装置并且和它们沟通都是通过这些引脚进行的。Arduino 的引脚是如何工作的呢?本节将会进行详细讲解。

6.6.1 数字 I/O 测试

输入/输出设备读者应该不陌生,以个人计算机为例,键盘和鼠标是输入设备,显示器和音响设备是输出设备。

在微机控制系统中,单片机通过数字 I/O 口来处理数字信号,这种数字信号包括开关信号和脉冲信号。这种信号是以二进制的逻辑"1"、"0"或高电平、低电平的形式出现的。例如,开关的闭合与断开,继电器的吸合与释放,指示灯的亮与灭,电机的启动与关闭以及脉冲信号的计数和定时等。

Arduino 常用的数字输入/输出则是电压的变化,输入/输出时,若电压小于 2.5 V 时则视为 0,若大于 2.5 V 则为 1。有兴趣的读者可以通过下面的例子来测量输出的电压。

准备工具:

万用表一个,导线两根,Arduino 开发板。

实验步骤:

Arduino 开发板上标有 0～13 的是数字输入/输出引脚,因此将一根导线连接 D7 引脚,另一根连接 GND 引脚。为了便于区分和查错,连接 GND 引脚的导线应尽量用黑色。将万用表的功能指针拨向电压部分,量程调到 0～10 V 或 0～20 V,正极线(红色)接连接 D7 的导线,而负极线(黑色)接连接 GND 的导线。

在 Arduino IDE 中编写如下程序并上传:

```
int outPin = 7;
int delayTime = 3000;
void setup()
{
    pinMode(outPin,OUTPUT);
}
void loop()
{
    digitalWrite(outPin,HIGH);
    delay(delayTime);
    digitalWrite(outPin,LOW);
    delay(delayTime);
}
```

观察一下可以看到,万用表交替(3 s 高电平,3 s 低电平)显示数字引脚输出 HIGH 和 LOW 时的电压值。

6.6.2 模拟 I/O 测试及呼吸灯

Arduino 开发板上数字输入/输出引脚中的 3、5、6、9 和 11 都提供 0 V 和 5 V 之外的可变输出,在这些引脚的旁边会标有 PWM——脉冲宽度调制。PWM 是英文 Pulse Width Modulation 的缩写,简称脉宽调制,是利用微处理器的数字输出来对模拟电路进行控制的一种有效技术,广泛应用在测量、通信到功率控制与变换的许多领域中。

数字输出与模拟输出最直观的区别就是数字输出是二值的,即只有 0 和 1,而模拟输出可以在 0～255 之间变化。就好比是一辆汽车,数字输出控制着汽车跑或者不跑,而模拟输出可以精确地控制汽车跑的速度。模拟输出用到的函数为 analogWrite(pin, value),其中,pin 是输出的引脚号,value 为 0～255 之间的数值。使用这种函数,硬件 PWM 通过 0～255 之间的任意值来编程,其中,0 为关闭,255 为全功率,0～255 之间的任意一个值都会产生一个约 490 Hz 的占空比可变的脉冲序列。Arduino 软件限制 PWM 通道为 8 位计数器。

为了更好地理解 PWM 是如何工作的以及 analogWrite()这个函数的用法,可以继续做下面这个小实验——使用 PWM 来控制小灯亮度。

硬件电路连接方法:将电阻从 12 脚移到 11 脚,其他不变,如图 6-1 所示。

图 6-1　LED 呼吸灯实验连接图

呼吸灯实验程序如下:

```
int pin = 11;        //3、5、6、9 和 11 都可以,想想看这种定义的好处是什么
void setup()
{
  pinMode(pin, OUTPUT);
}
void loop()
{
  for(int pwm = 0;pwm<255;pwm ++ )
  {
    analogWrite(pin,pwm);           //设置 PWM 占空比
```

```
    delay(10);
}
for(int pwm = 255;pwm>0;pwm--)
{
    analogWrite(pin,pwm);            //设置 PWM 占空比
    delay(10);
}
```

PWM 值从 0 开始逐渐变大,直到 255;然后再从 255 开始逐渐变小,直到 0;上述过程不断循环。编译并下载程序,观察呼吸灯的状态,可以改变 delay()值,观察呼吸灯的变化快慢。

除了 PWM,Arduino 开发板上有一排标着 A0~A5 的引脚,这些引脚不仅具有数字输入/输出的功能,还具有模拟信号输入的功能。Arduino 中的片内 ADC 设备通过逐次逼近法测量输入电压的大小得到输入电压,在这些引脚上输入 0~5 V 的电压,通过 analogRead()函数可以读到 0~1 023 的值。

6.7　本讲小结

本讲在运算符一节中讲述了赋值运算符、算数运算符、逻辑运算符、递增/递减运算符。然后讲解了 if 语句、switch 语句、for 语句以及相应的实例。在函数一节中,讲述了函数的封装与调用、函数的参数等内容。最后讲述了数字 I/O 的测试及模拟 I/O 的测试,并以呼吸灯的方式验证了 PWM 的功效。

第 7 讲

智能车驱动控制技术

磨刀不误砍柴工，前几讲通过实验套件学习了 Arduino 的编程基本方法，以及相关的语法。接下来的几讲中会教读者如何快速上手智能车。

7.1 电路图

7.1.1 概　述

关于电路图的定义，维基百科上是这么描述的：

电路图/原理图（英文：circuit diagram、electrical diagram、elementary diagram、electronic schematic），是一种简化的电路图形表示。电路图使用简单的图示组成电路，电路符号彼此连接，包括电源和讯号的连接。电路图里各电子元件的位置，并未反映在完成的实体电路上它们的位置。

电路图在生活中很常见，购买一个电器后，通常说明书中会附上相应的电路原理图供技术人员检修时查阅。会阅读和绘制电路图非常重要，良好的电路图可以使复杂的线路一目了然，容易阅读和改进。开发人员有时会用工具搭建一些电路，利用绘制好的电路图进行仿真实验，既安全又省时省力。设计好电路图之后，可以按照电路图中的设计进行电路搭建，确保搭建好的电路能够运行和测试。

经常遇到的电子电路图有原理图、方框图、装配图和印制板图等。电路图基本上是由元件符号、连线、结点、注释四大部分组成。元件符号表示实际电路中的元件，它的形状与实际的元件不一定相似，甚至完全不一样。但一般都表示出了元件的特点，各种参数是一致的，引脚的数目和实际元件也保持一致。连线表示的是实际电路中的导线，在实际电路中，除了用导线的方式连接的，还有可能使用其他的方式连接。节点表示两条或者多条导线的连通关系，相交连通则用节点符号表示。电路图的文字或其他标注都可以看作注释，注释的作用非常重要，就如同编写的程序一样，所用变量代表的意义，如果不通过注释则非常晦涩难懂。电路图也是一样，有时一些连接方法和符号难理解其中的意义，通过阅读注释可以迅速了解电路图描述的连接方法。

7.1.2 电路原理图

  电路原理图是一种反映电子设备中各元器件的电气连接情况的图纸。电路图由一些抽象的符号、按照一定的规则构成,如图 7-1 所示。通过对电路图的分析和研究就可以了解电子设备的电路结构和工作原理。因此,看懂电路图是学习电子技术的一项重要内容,是进行电子制作或维修的前提。

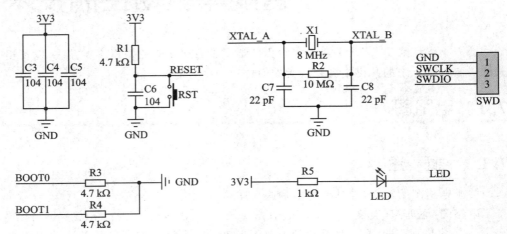

图 7-1 原理图示例

  一张完整的电路图是由若干要素构成的,这些要素主要包括图形符号、文字符号、连线以及注释性字符等。

1. 图形符号

  图形符号是构成电路图的主体,各种图形符号代表各种元器件,如图 7-2 所示。例如,小长方形 ─▭─ 表示电阻器,两道短杠 ─╢╟─ 表示电容器,连续的半圆形 ⌒⌒⌒ 表示电感器等。各个元器件图形符号之间用连线连接起来,就可以反映出各种电路的电路结构,即构成了各种电路的电路图。

2. 文字符号

  文字符号是构成电路图的重要组成部分。为了进一步强调图形符号的性质,同时也为了分析、理解和阐述电路图的方便,在各个元器件的图形符号旁,标注有该元器件的文字符号,例如"R"表示电阻器,"C"表示电容器,"L"表示电感器,"VT"表示晶体管,"IC"表示集成电路等。

3. 注释性字符

  注释性字符也是构成电路图的重要组成部分,用来说明元器件的数值大小或者具体型号。

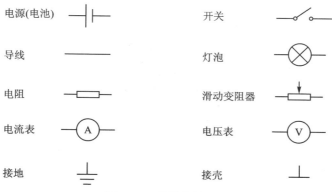

图 7-2 元器件符号图

7.2 智能车技术概述

这一讲将从系统的角度讲解智能车的组成和各部分的功能,如果初学者对有些名词感到陌生,没有关系,在接下来的几讲会对所涉及的专业词汇进行详细的解释,本讲只希望读者对智能车能够有感性认识,拉近大家和小车之间的距离。

如图 7-3 所示,智能车的基本组成部分是传感器、信号处理和运算电路、执行机构。任何智能小车都少不了这三个部分。

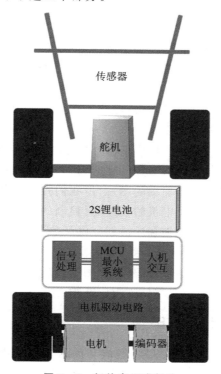

图 7-3 智能车组成部分

7.2.1 传感器

由传感器检测车身与赛道的偏离程度,将信息传达至单片机,单片机内的算法根据一定的规律进行运算,将运算结果进行功率放大以驱动执行机构(电机和舵机)。电机负责提供小车运行中的前进动力,舵机负责驱动前轮转向。

传感器,是一种检测装置,能感受被测量的物理信息,并能将感受到的信息,按一定规律变换成为电信号或其他形式的信息输出。智能车中的传感器用于检测车身与赛道的夹角,如图7-4所示。

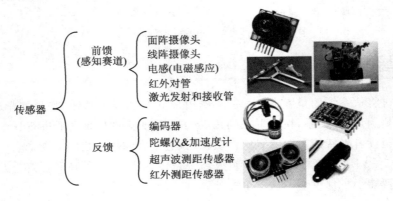

图 7-4 多种多样的传感器

有多种对赛道进行检测的方式,如摄像头、电感(电感电容组成 RC 谐振电路检测跑道的交变磁场)、红外对管、激光发射和接收管、超声波探头(信标组的信标会发出超声波信号)。从大体上,检测赛道的手段可以分为 3 类,分别是光电、电磁和声学。读到这里,读者会发现,传感器与物理学是息息相关的,传感器是基础物理学在实际中的应用。

在图 7-4 中,根据应用场合,将传感器分为了前馈和反馈两大类,这里做一个简单的划分:要控制的参数与检测的参数一致时,认为是反馈;不一致时,认为是前馈。例如,使用摄像头采集到了车体前端的图片,但我们控制的是舵机转角,这种情况归入前馈;若使用编码器测量到了电机的转速,要控制的也是电机的转速,这种情况归入反馈。注意,此处的传感器前馈和反馈划分仅仅是为了入门者容易理解,这和控制理论中的前馈和反馈概念并不完全一致。

智能车中,常用的反馈传感器有编码器(测量转速)、陀螺仪和加速度计(控制直立车与地面之间的夹角)、超声和红外测距传感器(控制车与障碍物之间的距离)。

7.2.2 信号处理和运算电路

接下来讲解信号处理和运算电路,智能车的这一部分堪比人的大脑,通过对眼睛、耳朵等器官收集回来的信息进行归纳整理、记忆存储、逻辑思维和判断,最终根据需求,对手脚等执行部分发送指令。比如当人们感受到外界温度很热,对手脚进行控制,拿起遥控器打开了空调。另外,大脑还需要负责通过语言、眼神、手势、动作等多种方式与外界沟通交流。

如图7-5所示,前端信号处理部分电路用于对传感器采集到的电路进行调理,比如"LC谐振、放大电路"对电感阵列收集到的交变电磁信号进行谐振选频,然后使用放大器进行信号的放大等处理。对使用模拟摄像头的情况,视频分离电路对信号中的行、场中断进行处理,从而提取出赛道的相关信息;后端信号处理部分的电路用于对单片机输出的指令进行处理,最终送达执行机构,比如将单片机输出的电机旋转指令进行功率放大,从而驱动电机调速和调向;人机交互部分的电路负责将单片机内部的信号发送至个人电脑上的软件(上位机)进行显示,或接收个人电脑软件的指令执行相应的操作,或通过液晶显示屏、按键等直接与人进行交互,这也被称为人机交互接口 HMI(Human Machine Interface)。单片机最小系统中包含有 CPU(中央处理器),能够执行负责的运算和控制,还包含有各种常用的功能模块,如串口通信模块(UART)、定时/计数器模块(TIMER)、通用输入输出模块(GPIO)、直接内存存取模块(DMA)等。

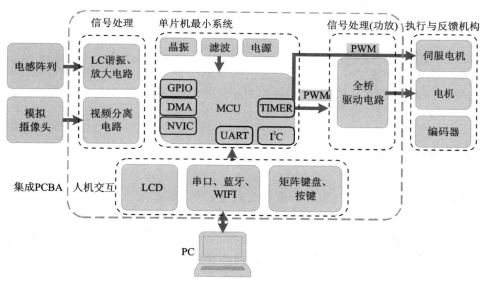

图7-5 信号处理和运算电路

7.2.3 执行机构

智能车中最常见的执行机构是直流有刷电机和伺服舵机,如图7-6所示。

直流有刷电机是车辆的动力输出机构,将电能转化为机械能,驱动车辆前进,通常是电机本体与减速齿轮系的结合。普通直流电机一般以电机直径命名,如260电机、360电机、540电机,它们分别是指直径为26 mm、36 mm、54 mm 的直流电机,通

(a) 直流有刷电机　　　　　　(b) 伺服舵机

图 7-6　智能车执行机构

常直径越大,电机扭力也越强。其他常用电机还有步进电机、空心杯电机、直流无刷电机等,它们在驱动方式上存在差异。

常见的舵机分为模拟舵机和数字舵机。数字舵机的内部是一个复杂闭环角度控制系统,通常由编码器、控制电路、电机、齿轮系等构成,用户只需要发送非常简单的指令,即可驱动舵机旋转至相应的位置。由于经常有同学对模拟舵机和数字舵机的区别有所疑问,我们就来分析一下。

模拟舵机是一种传统的舵机,有多年的使用历史,随着微电子技术的兴起,出现了更为先进的数字舵机。数字舵机和模拟舵机,除了数字舵机增加了微处理器以外,并没有什么很大的区别(微处理器用于分析输入的控制指令,并控制电机转动)。虽然它们有着相同的电机、齿轮和外壳、同样的反馈电位器,看起来极其相似。其实数字舵机最大的差别在于其改善了处理输入控制指令的方式,改善了控制舵机电机初始电流的方式,减少无反应区(模拟舵机对小信号的反应不明显),增加分辨率以及产生更大的输出力。

7.3　Arduino 智能车

以 Arduino Nano 开发板为核心的智能车,具有电磁循迹的功能,结构紧凑,包含舵机、电机、驱动电路等,是一款便捷灵活、方便上手的开源硬件产品,具有丰富的接口,可拓展性极高,且可进行图像化编程,操作简单易懂,更适合于入门级别的智能车爱好者,附录中有其组成结构和组装过程的详细说明。组装好的四轮 Arduino 车如图 7-7 所示。

智能车由控制相关系统、能源系统和机械系统组成。其中,与控制相关的组成部分有主控板、电机、舵机等,能源系统可使用充电电池配专用充电器,机械系统包括轮胎、支架等机械部分。

7.3.1　主控板

如图 7-8 所示,主控板分为基板和 Arduino Nano 开发板,基板上具有标准插座,Arduino Nano 开发板可以方便取下更换。

智能车驱动控制技术

图 7-7　基于 Arduino nano 的智能车

图 7-8　主控板

注意，主控板进行拔插时不要插错，因为 Arduino Nano 开发板的插脚是左右对称的，没有"防呆"设计，这在增加灵活性的同时，也增加了插错的风险。为此，需要认真辨识，避免插错。

另外，须注意基板和 Arduino 开发板的一些细节：如图 7-9 所示，在基板上插座一端标注有"TXD"，旁边有一行字"注意接插方向！"，这行字的右边标注有"VIN"；而 Arduino Nano 板上的对应位置有 TX1 和 VIN。这意味着基板上的 TXD 和 Nano 板上的 TX1 是对应的，而基板上的 VIN 和 Nano 板上的 VIN

图 7-9　注意接插方向

也是对应的。不要插反，更不要插错位，否则可能导致电路板烧毁。

电路板的外部接口部分如图 7-10 所示，除了 Arduino Nano 开发板外，还包括了充电口、开关、电机 1 接口、电机 2 接口、电磁传感器接口、舵机接口及串口/蓝牙。

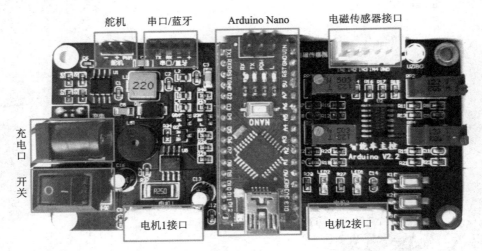

图 7-10 主控板的对外接口

7.3.2 电池与充电器

本智能车使用 18650 可充电式锂离子电池作为动力,如图 7-11 所示,单节电池容量为 8 800 mwh,标准电压为 3.7 V,两节串联后标准电压应该为 7.4 V。注意,使用这种电池要及时充电,不能将电耗尽,否则无法再充!

图 7-11 18650 型可充电电池

充电时,将配套的充电器连接充电插口即可正常充电,充电时充电器的指示灯会亮起,红色代表正在充电中,充电完毕指示灯会变为绿色。充电时最好将主控板的电源开关断掉,这样可以加快充电的速度,避免边充边放,对电池寿命也比较有利。

7.3.3 电 机

本智能车所使用的电机为 DS-37RS520 减速电机,如图 7-12 所示,减速比为 10,带有速度反馈。其中,37 是指外径最大尺寸,R 指的是电机的形状是圆形的,S 指的是电机内碳粒的材质是石墨碳粒,0 指的是电机转子的槽数为 3 个槽。

对智能车来讲,我们的任务是通过单片机控制电机的转速和转向,这也是常见的

智能车驱动控制技术

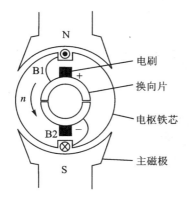

图 7-12　驱动电机

电机调节的两项基本任务。简单来讲，对直流有刷电机，只要在正、负极之间加电压，就可以使电机旋转，电压低则转得慢，电压高则转得快，调换电源的正、负极，电机会反向转动。

7.3.4　舵　机

舵机是用于控制车辆前轮转向的装置。本智能车所用的舵机为 MG995 高速数字舵机，如图 7-13 所示。这是一款常用的数字舵机，黑色（或褐色）线为 GND，中间一般为电源正，另外一根就是控制信号线。

图 7-13　数字舵机

7.4　主控板电路

附录 A 中有 Arduino Nano 版智能车原理图。可以看到，该原理图中有大量的内容，包含了智能车主控板的所有电路原理图。

7.4.1 电源输入接口

在原理图中，每一个矩形的框都代表了实现一种功能的电路。首先分析电源输入接口电路。

图7-14是电源输入接口，图中黑色的带有数字的线称为"引脚"，是各种模块、芯片、端子等与外界进行电气交互的通道，是原理图的重要组成元素。原理图中灰底的方块代表某种具体的模块、芯片或端子，通常在灰底方块的附近都会找到两个角标，表明了该模块的具体信息。例如，图7-14中的P2，P2是它的标号（Designator）（原理图中的唯一识别号，任何两种器件的标号不出现重复）；POWER是它的说明（Comment），通常是设计者用来说明器件的一些必要信息。基本上原理图中任何一个器件都具有这两个角标，设计者也可以选择对某些角标的显示进行隐藏。图7-14中，棕红色文字是网络标号（Net Label），用于表示电气连接，通俗地讲就是电路板上的导线，例如，VCC-BAT代表正电源，而PGND代表地线。对于有些距离比较远，或者出现走线交叉的原理图，通常会使用网络标号来代替在图中连线。

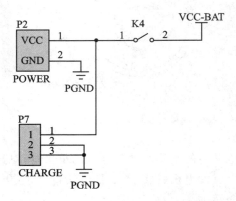

图7-14 电源输入接口原理图

除P2外，还有开关K4，用于控制电源的通断，也就是整辆智能车的电源开关。

P7用于连接充电器，为小车的电池组充电。充电时最好断开电源开关，虽然从原理上两者可以同时有效。

P2和P7的实物图可参见图7-10的充电口和开关。

7.4.2 人机交互电路

智能车的人机交互包括键盘、LED指示灯、蜂鸣器和串口/蓝牙，电路原理如图7-15所示。

串口/蓝牙有4个引脚，即VCC-5V、GND、Nano_RX、Nano_TX。可以接蓝牙模块，通过蓝牙将智能车采集信息和命令传送给上位机，从而有助于程序的编写。

唯一需要说明的是蜂鸣器BUZZER的驱动电路，蜂鸣器是图7-15中标号为LS1的器件。蜂鸣器驱动电路中包含了一个之前没有提过的元器件，标号为Q5的器件叫MOS管。由于MCU的引脚输出电流和吸收电流的能力有限，但通过这个MOS管可以实现大电流输出，下面详细讲一下这个元器件。

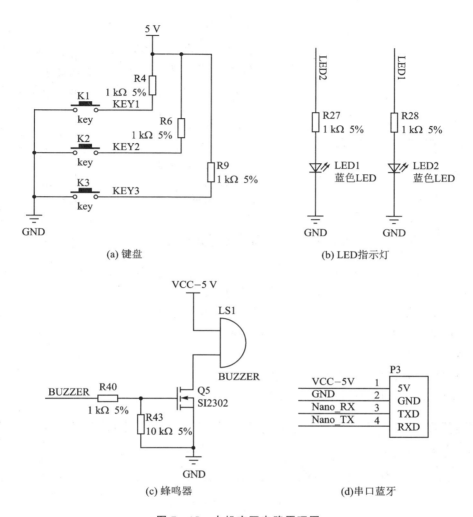

图 7-15 人机交互电路原理图

7.4.3 MOS 管的用法

MOS 管是金属(metal)-氧化物(oxide)-半导体(semiconductor)场效应晶体管。MOS 管一个很常用的用处是对驱动能力进行放大,比如图 7-15 中的蜂鸣器驱动原理图。由于单片机的引脚能够流过的电流很小(流入或流出),通常只有 10 mA 左右,因此,如果希望蜂鸣器能得到更大的功率、更响的声音,就需要使用 MOS 管增强其驱动能力。

如图 7-16 所示,是最常见的 N 型 MOS 管。其中,G 为栅极(GATE),D 为漏极(DRAIN),S 为源极(SOURCE)。

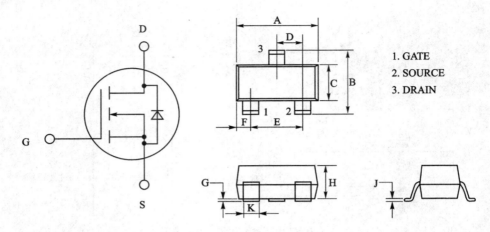

图 7-16　MOS 管的引脚与 SOT-23 封装图

最常见的用法是：S 接地，在 G 极加一定的电压（驱动蜂鸣器时使用 5 V），在 D 极加电源（可以比 G 极的电压高）。当 G 极是高电压（G＞S 一定的值）时，D 与 S 导通；当 G 极是低电压（G 小于等于 S）时，D 与 S 相当于断开。

对 SI2302 来说，通过查阅数据手册（如图 7-17 所示）可知：
- D 与 S 之间最大电压不能超过 20 V；
- D 与 S 之间最大持续电流不超过 3 A；
- D 与 S 之间峰值电流不超过 10 A。

Symbol	Parameter	Rating	Unit
V_{DS}	Drain-source Voltage	20	V
I_D	Drain Current-Continuous	3	A
I_{DM}	Drain Current-Pulsed[a]	10	A

图 7-17　SI2302 的相关参数

可以看到，我们只需要在 G 极加高电压，则消耗极小的电流就可以在 D 与 S 之间得到 3~10 A 的大电流，满足进行功率放大的需求。MOS 管的种类多种多样，封装也有多种样式，它们的导通电流、驱动电压等性能并不相同。

7.5　电机控制

7.5.1　PWM 与电机调速

回顾一下 analogWrite(pin, value) 函数
pin：输出的引脚号，value：占用空，从 0（常关）到 255（常开）。

其功能是将模拟值(PWM 波)输出到引脚,可用于不同的光线亮度下调节发光二极管亮度(呼吸灯)或以不同的速度驱动电机。调用 analogWrite()后,该引脚将产生一个指定占空比的稳定方波,直到下一次调用 analogWrite()(或在同一引脚调用 digitalRead()或 digitalWrite())。PWM 的信号频率约为 490 Hz。

图 7-18 是基础的 PWM 波形,由多个矩形脉冲组成,在所有常见的单片机中都可以发出这样的用于控制的波形。我们首先要明确一些概念,周期 T 指的是高电平加上低电平的总时间,高电平的时间称为脉宽时间 $T1$,$(T1/T) \times 100\%$,得到一个百分数,称为占空比(高电平时间占总周期的百分比)。

在电机控制中,常用的最简单的调试方式是定频 PWM(并不是效果最优的),其方法是,固定一个 PWM 的周期(或者说是频率),调节其高电平的时间(也就是调节其占空比,用字母 D 表示),从而控制 MOS 的开、断时间达到调节电机电枢的平均电压的目的。常用的电机调速电路图如图 7-19 所示。

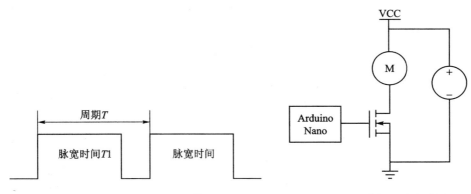

图 7-18 PWM 的占空比描述　　　图 7-19 电机调速电路图

电枢相当于一个很大的电感,具有良好的滤波作用,因此会把加在其上的矩形脉冲变得相对平缓,保障电机在旋转时不会有明显的顿挫感。

图 7-20 是用一个 MOS 和定频 PWM 驱动电机单向旋转的波形图,可以看出,占空比越高,电枢平均电压越高,则电机转速越快,这样就实现了用单片机控制电机转速的功能。

7.5.2　电机控制与 A4950

接下来讲解如何控制电机旋转方向。如图 7-21 所示,我们将上面的单个 MOS 换成了 4 个 MOS,并表示为 Q1~Q4,当对 Q1 和 Q4 加以 PWM 波,Q2 和 Q3 关断时,电机正转;对 Q2 和 Q3 加以 PWM 波,Q1 和 Q4 关断时,电机反转,从而实现了电机的调速和调向。我们将图 7-21 中所示的电路形象地称为 H 桥。(4 个 MOS 的位置非常像字母 H。)

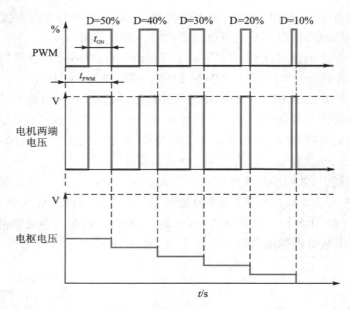

图 7-20 PWM 与电枢平均电压的关系

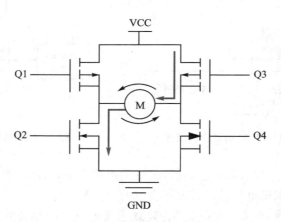

图 7-21 H 桥电机驱动电路图

对于图 7-21 中的电路而言,若控制失误,使 Q1 和 Q2 同时导通,或 Q3、Q4 同时导通,则会出现短路现象,电流不会流过电机,过高的电流会烧毁 MOS 管而导致电路故障。因此,我们会在电路中增加防止同侧桥路同时导通的保护电路,以及过流、过压保护电路,形成一个新的可以使用的集成电路。听到这里,可能有的读者会觉得驱动电机怎么如此复杂?是的,对实用的电机驱动电路来讲,需要注意的事项比较多,为此,芯片制造厂家往往会将这些复杂的逻辑封装进一个芯片中,只保留最基本的输入/输出接口,达到傻瓜式应用的效果。

登录电子元器件数据手册(datasheet)大全查询网站 www.alldatasheet.com,键入 A4950,按照如图 7-22 所示的顺序单击即可打开 A4950 的数据手册。

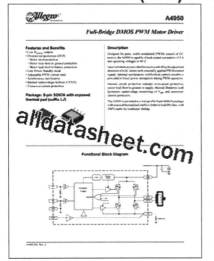

图 7-22 A4950 数据手册查询下载

基本上所有数据手册的构成都遵循统一的套路。先来一段介绍和广告式的参数宣传,再加一张外观图片,这一部分不是很重要(新手可以多看看)。紧接着是一个很重要的数据表格:Absolute Maximum Ratings,这个表格描述了该芯片的所有极限参数(超过极限参数则无法正常工作,甚至损毁)。

再往下会有芯片的引脚功能描述 Terminal List Table,这一部分描述了芯片所有引脚的功能,这是必读的内容,但往往会放在最后阅读(电路板设计阶段)。

再下面的是 ELECTRICAL CHARACTERISTICS,即芯片的电气特性。这里描述的是芯片在常规的使用中应该遵循的电气参数,比如供电电压、电平阈值(高电平和低电平的区分点)、延时特性等。再向下是一些具体的使用细节,如真值表、波形图等,建议新手前期详细阅读,使用的芯片多了会发现最下面的细节大同小异,则可以选择性阅读。

芯片选型时需要关注的主要有极限参数和电气特性,这些和需求直接相关。如图 7-23 所示的极限参数表格中看出它的驱动能力:最大电压 40 V,最大持续电流 3.5 A,最大瞬态电流 6 A。

Absolute Maximum Ratings

Characteristic	Symbol	Notes	Rating	Unit
Load Supply Voltage	V_{BB}		40	V
Logic Input Voltage Range	V_{IN}		−0.3~6	V
V_{REF} Input Voltage Range	V_{REF}		−0.3~6	V
Sense Voltage(LSS pin)	V_S		−0.5~0.5	V
Motor Outputs Voltage	V_{OUT}		−2~42	V
Output Current	I_{OUT}	Duty cycle=100%	3.5	A
Transient Output Current	I_{OUT}	T_W <500 ns	6	A
Operating Temperature Range	T_A	Temperature Range E	−40~85	℃
Maximum Junction Temperature	T_J(max)		150	℃
Storage Temperature Range	T_{sig}		−55~150	℃

图 7-23 A4950 的极限参数

从数据手册中找到了 A4950 的功能框图,如图 7-24 所示,显示了其内部构造和功能。芯片内部主要由 3 部分构成,分别是波形整形(施密特触发器),将输入的矩形脉冲波形变得更加有棱有角;驱动逻辑及保护电路,用于根据输出发出 4 个 MOS 的控制波形,并进行过流保护、防止短路的死区保护等;H 桥,对电机进行调速和调向。对于最基本的应用,我们只需要在 IN1 或 IN2 输入 PWM,即可实现电机的正、反转控制和调速控制(调节 PWM 的占空比)。

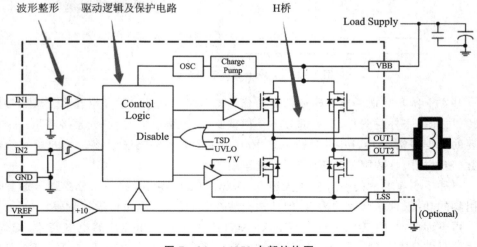

图 7-24 A4950 内部结构图

图 7-25 是 PWM 控制真值表，列出了前进、后退、刹车等情况下的控制值。

IN1	IN2	$10 \times V_S > V_{REF}$	OUT1	OUT2	Function
0	1	False	L	H	Reverse
1	0	False	H	L	Forward
0	1	True	H/L	L	Chop (mixed decay), reverse
1	0	True	L	H/L	Chop (mixed decay), forward
1	1	False	L	L	Brake (slow decay); after a Chop command
0	0	False	Z	Z	Coast, enters Low Power Standby mode after 1 ms

图 7-25　A4950 输入输出信号真值表

7.5.3　电机驱动中的信号变换电路

由于 Arduino 能输出的 PWM 有限，因此我们希望只使用两个 PWM 来调节两个电机的正、反转和速度。用一个 PWM 加一个普通 I/O 的高低来控制一个电机的速度和正反转。图 7-26 中的 DIRA 和 PWMA（分别对应 D4 和 D5）来控制一路电机。

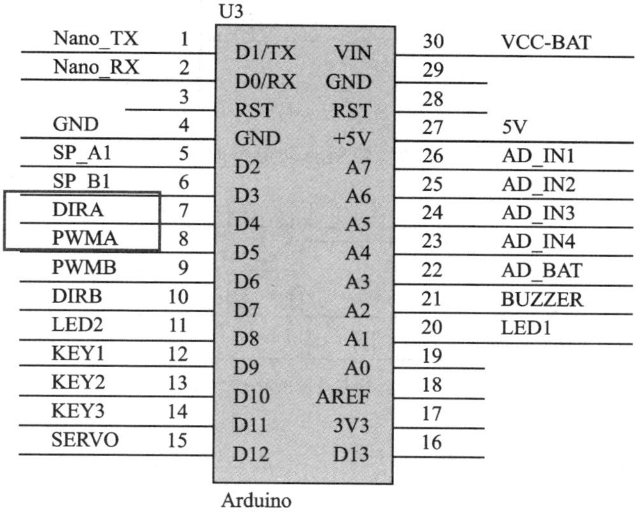

图 7-26　DIRA 和 PWMA 所对应的引脚

PWMA 和 DIRA 经过一个逻辑电路，然后输入 A4950，从而输出控制电机的波形，对电机的速度和方向进行控制，具体电路如图 7-27 所示。

PWMA 和 DIRA 经过 MOS 管作为驱动电路，分为两种情况：

① 当 DIRA 为高电平时，MOS 管 Q2、Q3 导通，Q1 截止，则 PWM_A1 的电平变为低电平，不再跟随 PWMA；PWM_A2 跟随 PWMA 的波形。

② 当 DIRA 为低电平时，MOS 管 Q2、Q3 截止，Q1 导通，则 PWM_A1 跟随 PWMA 的波形；PWM_A2 变为低电平，不再跟随 PWMA 的波形。

输入、输出波形及相关电路如图 7-28 所示。

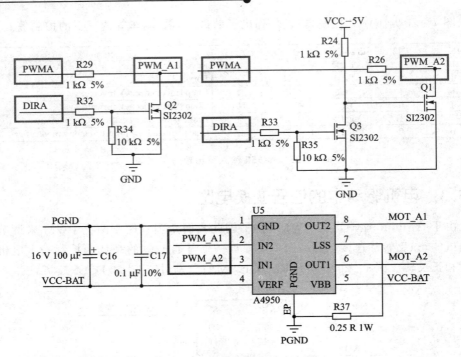

图 7-27 电机驱动电路原理图

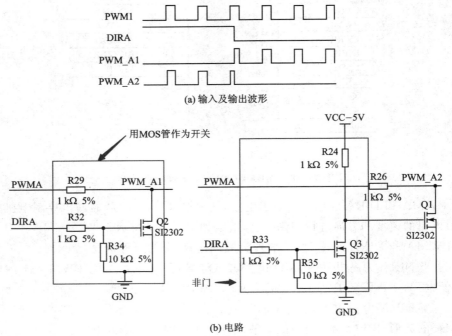

(a) 输入及输出波形

(b) 电路

图 7-28 信号变换电路原理图

将 Arduino Nano 开发板插入电路板中,如图 7-29 所示,注意方向必须正确。检查 Arduino Nano 的所有引脚是否完全插入底座,不要有插偏的现象。注意,该 Arduino Nano 电路板应该是比较容易插进底座中,如果感到不对头,不要暴力插拔,看看是否有错位的现象。

图 7-29 电机的接线方式

7.5.4 驱动电机转动

电机的例程中有简单版(Motor_easy.ino)与常规版(Motor.ino)两种。

1. 简单版(Motor_easy.ino)

该版本功能较简单,按下 K1 按键后两个电机会同时向前转,按下 K2 按键后两个电机会同时向后转,程序如下:

```
void setup()
{
  //电机初始化
  pinMode( 4, OUTPUT);
  pinMode( 5, OUTPUT);
  pinMode( 6, OUTPUT);
  pinMode( 7 ,OUTPUT);
  //按键初始化
  pinMode(9, INPUT);
  pinMode(10, INPUT);
}
void loop()
{
  if(digitalRead(9) == LOW)       //按下按键 K1 后电机向前转
  {
    digitalWrite( 4 , LOW );      //DIRA 引脚输出低电平
    digitalWrite( 7 , LOW );      //DIRB 引脚输出低电平
```

```
        analogWrite(5 , 127);          //设置PWMA模拟输出为127,PWM占空比为50%
        analogWrite(6 , 127);          //设置PWMB模拟输出为127,PWM占空比为50%
    }
    else if(digitalRead(10) == LOW)    //按下按键K2后电机向后转
    {
        digitalWrite( 4 , HIGH );      //DIRA引脚输出高电平
        digitalWrite( 7 , HIGH );      //DIRB引脚输出高电平
        analogWrite(5 , 127);          //设置PWMA模拟输出为127,PWM占空比为50%
        analogWrite(6 , 127);          //设置PWMB模拟输出为127,PWM占空比为50%
    }
    else                               //松开按键电机不转
    {
        digitalWrite( 4 , HIGH );      //DIRA引脚输出高电平
        digitalWrite( 7 , HIGH );      //DIRB引脚输出高电平
        analogWrite(5 , 0);            //设置PWMA模拟输出为0,电机停止转动
        analogWrite(6 , 0);            //设置PWMB模拟输出为0,电机停止转动
    }
}
```

2. 常规版(Motor.ino)

该版本中,按住K1后两个电机会同时向前逐渐加速到最大速,然后减速到0;按住K2后两个电机会同时向后逐渐加速到最大速,然后减速到0。该版本程序如下:

```
#define CHANGE_TIME 100                //电机改变转速的时间
#define CHANGE_SPEED 5                 //电机每次加速的大小
void setup()
{
    //电机初始化
    pinMode( 4, OUTPUT);
    pinMode( 5, OUTPUT);
    pinMode( 6, OUTPUT);
    pinMode( 7, OUTPUT);
    //按键初始化
    pinMode(9, INPUT);
    pinMode(10, INPUT);
}
void loop()
{
    static unsigned char RunDirect = 0;    //电机转向标志变量,=0时正转,=1时反转
    static unsigned char MotorPWM = 0;     //电机PWM值
    //按下K1后两个电机同时正向加速到最大速再同时减速到0
    if(digitalRead(9) == LOW)
    {
```

```
    digitalWrite( 4 , LOW );
    digitalWrite( 7 , LOW );
    if(RunDirect == 0)
    {
      MotorPWM = MotorPWM  + CHANGE_SPEED;    //加速
      if(MotorPWM> = 255)                     //达到最大值后方向标志位翻转
      {
        MotorPWM = 255;
        RunDirect = 1;
      }
    }
    else
    {
      MotorPWM = MotorPWM  - CHANGE_SPEED;    //减速
      if(MotorPWM< = 0)                       //达到最小值后方向标志位翻转
      {
        MotorPWM = 0;
        RunDirect = 0;
      }
    }
    delay(CHANGE_TIME);
    analogWrite(5 , MotorPWM);
    analogWrite(6 , MotorPWM);
}
//按下K2后两个电机同时反向加速到最大速再同时减速到0
else if(digitalRead(10) == LOW)
{
    digitalWrite( 4 , HIGH );
    digitalWrite( 7 , HIGH );
    if(RunDirect == 0)
    {
      MotorPWM = MotorPWM  + CHANGE_SPEED;    //加速
      if(MotorPWM> = 255)                     //达到最大值后方向标志位翻转
      {
        MotorPWM = 255;
        RunDirect = 1;
      }
    }
    else
    {
      MotorPWM = MotorPWM  - CHANGE_SPEED;    //减速
      if(MotorPWM< = 0)                       //达到最小值后方向标志位翻转
      {
```

```
            MotorPWM = 0;
            RunDirect = 0;
        }
    }
        delay(CHANGE_TIME);                    //延时一个加速时间
        analogWrite(5，MotorPWM);
        analogWrite(6，MotorPWM);
}
    else                                        //按键松开电机停转
    {
        analogWrite(5，0);
        analogWrite(6，0);
    }
}
```

7.6 舵机控制

7.6.1 舵机的控制原理

舵机是用于控制车辆前轮转向的装置,在智能车中,最常接触的是数字式舵机,是集成负反馈控制系统的机电一体化产物。图7-30是常见数字舵机的内部结构,主要的组成部分有控制电路(control electronics)、编码器(potentiometer,图中简称pot)、传动轴(driveshaft)、齿轮系(gear train)、电机(motor),下面分别讲解各部分的用途。

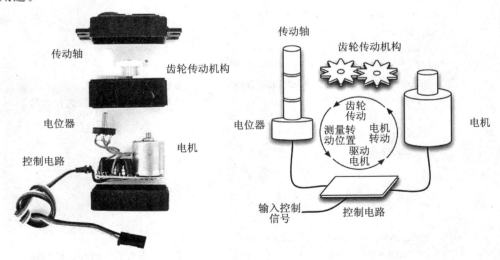

图7-30 舵机内部结构图

电机的作用是将电能转化为机械能,使电机的输出轴高速旋转。

齿轮系的作用是减速增扭(降低速度,增加扭矩),扭矩代表着电机带动负载的能力。电机做功的计算公式为 $W = M \cdot v$(功率=扭矩·速度)。假设电机做相同的功,则输出轴的速度与扭距成反比。常规电机的输出扭矩远小于带动负载需要的扭距,而速度却非常高(通常为几千或上万转/分钟),因此需要齿轮系,降低输出的转速,提高扭矩。

电机经过齿轮系的降速和传动后,带动传动轴旋转,传动轴是舵机对外连接的轴。

编码器负责监测传动轴当前所在的位置,或者说旋转的角度。

控制电路根据用户发来的控制指令驱动电机旋转到相应的位置,通过编码器来检测是否旋转到该位置,这一过程称之为"负反馈调节",最终形成了一个转角负反馈控制系统。图 7-31 是这个系统的示意图。

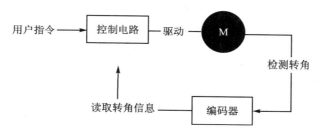

图 7-31 舵机内部闭环控制流程图

7.6.2 舵机的使用方法

即便内部是一个如此复杂的电路系统,舵机对外的连接却只有 3 根线,分别是 VCC、GND、PWM。也就是说,只要给舵机加以合适的电压和 PWM 控制信号,就可以驱动舵机旋转了。

一般而言,舵机的基准信号都是周期为 20 ms(50 Hz),宽度为 1.5 ms。这个基准信号定义的位置为中间位置。舵机有最大转动角度,中间位置的定义就是从这个位置到最大角度与最小角度的量完全一样。最重要的一点是,不同舵机的最大转动角度可能不相同,但是其中间位置的脉冲宽度是一定的,那就是 1.5 ms,如图 7-32 所示。当舵机接收到一个小于 1.5 ms 的脉冲时,输出轴会以中间位置为标准,逆时针旋转一定角度。接收到的脉冲大于 1.5 ms 情况时相反。不同品牌,甚至同一品牌的不同舵机,都会有不同的最大值和最小值。一般而言,最小脉冲为 1 ms,最大脉冲为 2 ms。只需要用单片机发出一个 PWM,调节其占空比,我们就可以灵活地控制舵机了。

需要注意的是,Arduino 的舵机控制程序已经进行了封装,在控制程序中需要"#include <Servo.h>"。这样其参数不再是 1.5 ms 的脉冲控制,而是一个 0~180

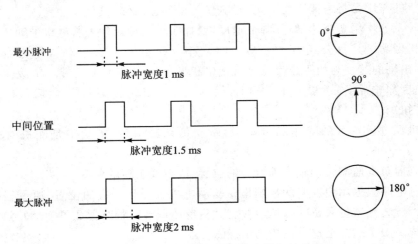

图 7-32 舵机控制信号与输出转角的关系

的数值。其中,小于 90 就是左偏,大于 90 就是右偏,而 90 恰好就是中间位置,这样控制就简单了很多。

7.6.3 舵机控制实验

关于舵机的例程中有简单版(Servo_easy.ino)与常规版(Servo.ino)两种。

1. 简单版(Servo_easy.ino)

该版本功能简单,按下 K1 按键后舵机会向左转,按下 K2 按键后舵机会向右转。

```
#include <Servo.h>
Servo ServoPin_12;
void setup()
{
  //舵机初始化
  ServoPin_12.attach(12);
  //按键初始化
  pinMode(9, INPUT);
  pinMode(10, INPUT);
}
void loop()
{
  if(digitalRead(9) == LOW)         //按下 K1 按键舵机向左转
  {
    ServoPin_12.write(80);
  }
  else if(digitalRead(10) == LOW)   //按下 K2 按键舵机向右转
  {
```

```
    ServoPin_12.write(100);
  }
  else                          //松开按键舵机回到中间
  {
    ServoPin_12.write(90);
  }
}
```

2. 常规版(Servo.ino)

该版本按住 K1 后舵机会逐渐转到最左边,然后再逐渐转到最右边。

```
//注意事项:在下载使用本程序之前须确保舵机处于调好中值的状态
#include <Servo.h>
#define TURN_SPEED 100                //舵机转动的时间间隔
#define TURN_ANGLE 10                 //舵机每次转动的角度
#define TURN_RIGHT_LIMIT 120          //舵机右边限制角度
#define TURN_LEFT_LIMIT   60          //舵机左边限制角度
#define TURN_MEDIAN 90                //舵机中值
Servo ServoPin_12;
unsigned char TurnPWM = TURN_MEDIAN;  //舵机 PWM 值
unsigned char TurnDirect = 0;         //舵机转向变量
void setup()
{
  //舵机初始化
  ServoPin_12.attach(12);
  ServoPin_12.write( TurnPWM );
  //按键初始化
  pinMode(9, INPUT);
}

void loop()
{
  if(digitalRead(9) == LOW)         //按下按键后舵机会左右不停地循环转动
  {
    if(TurnDirect == 0)
    {
      TurnPWM = TurnPWM + TURN_ANGLE;
      //转到右边最大限制值后将舵机转向变量翻转,让舵机反向转动
      if(TurnPWM >= TURN_RIGHT_LIMIT)
      {
        TurnPWM = TURN_RIGHT_LIMIT;
        TurnDirect = 1;
```

```
      }
    }
    else
    {
      TurnPWM = TurnPWM  - TURN_ANGLE;
      //转到左边最大限制值后将舵机转向变量翻转,让舵机反向转动
      if(TurnPWM< = TURN_LEFT_LIMIT)
      {
        TurnPWM = TURN_LEFT_LIMIT;
        TurnDirect = 0;
      }
    }
    delay(TURN_SPEED);           //每次转向的间隔时间
    ServoPin_12.write(TurnPWM);
  }
  else                           //松开按键后舵机归中
  {
    ServoPin_12.write(TURN_MEDIAN);
  }
}
```

7.6 本讲小结

  本讲首先介绍了原理图,再讲解了智能车的主要组成部分:主控板、电池、电机及舵机。然后重点对主控板电路进行了分析,讲解了人机交互电路及 MOS 管的特性及使用。电机控制一节讲解了 H 桥电路及控制芯片 A4950,并以例程的形式讲解了基于 Arduino 的电机控制方式。在舵机控制部分讲解了数字舵机的基本特性及控制方式,并以例程的方式介绍了通过 Arduino 对舵机的控制方法。电机和舵机是智能车最重要的运动控制部分。

第 8 讲 智能车检测技术

8.1 电磁赛道检测

8.1.1 电磁赛道

电磁组赛道具有不受阳光影响的特点,故在培训中得到了很好的应用,只要在赛道中间铺设一条直径为 0.1～1.0 mm 漆包线,漆包线中通有 20 kHz、100 mA 的交变电流。频率范围(20±1)kHz,电流范围是(100±20)mA,信号如图 8-1 所示。

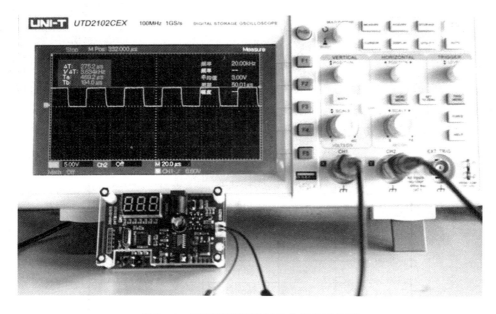

图 8-1 智能车赛道信号发生器输出波形

智能车通过采集在赛道中心的交流电流信号,判断车身位置和赛道情况,从而做出决策,控制小车的前进、拐弯等动作,沿着赛道行驶。其寻迹示意图如图 8-2 所示。

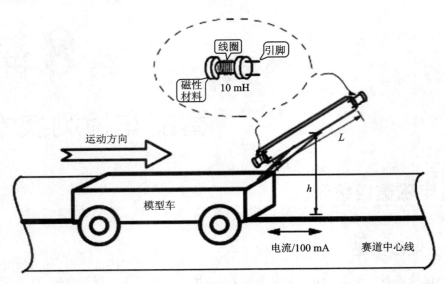

图 8-2 电磁组智能车循迹效果图

赛道为封闭曲线形式,赛道的总长度没有限制。赛道设计为多种基本元素组成的模块化结构,通过不同基本元素的搭配可以形成不同形式、难度各异的多种赛道。赛道基本元素包括宽度为 45 cm 的不同长度的长方形,典型长度为 1 m、0.5 m 和 0.45 m;包括赛道宽度为 45 cm 的不同曲率的弧形,典型弧度为 45°、90°,典型中心线半径为 0.5 m、0.6 m 和 1 m。考虑组成封闭赛道的需要,可能会有个别特殊长度和弧度的元素,如长度为 27.5 cm 的长方形。一种赛道组合模式及赛道元素组成如图 8-3 所示。

其相关元素统计如表 8-1 所列。

表 8-1 参考赛道所使用元素统计

类 别	数 量	角度或长度	半径/cm	长度/cm
45°/60	4	45°	60	188
90°/50	12	90°	50	942
90°/60	4	90°	60	377
直线 50	5	50 cm		250
直线 100	12	100 cm		1 200
正方形 45	4	45 cm		180
直线 27.5	2	27.5 cm		55
总数	43			3 192

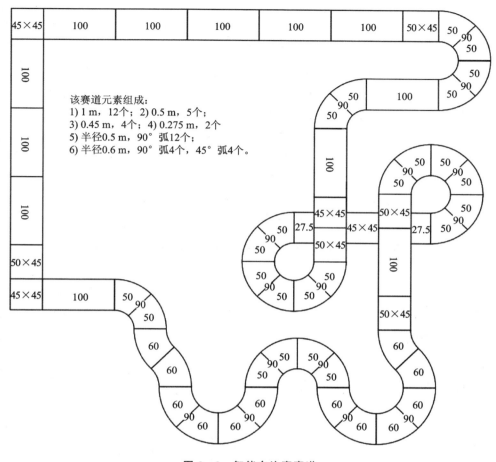

图 8-3 智能车比赛赛道

8.1.2 电磁线的磁场分析

假设导线布置于水平地平面内,考虑到立体空间的高度因素,以地面的横向方向为 x 轴,垂直于地面的方向为 h 轴。在距离地面高为 h 的平面内,磁感应强度随横向距离的分布关系如下:

$$B = \frac{\mu_0 I}{2\pi \sqrt{X^2 + h^2}} \tag{8-1}$$

式中,X 为横向坐标,单位为 cm;h 为高度,单位为 cm。

高度为 h 时,磁感应强度的侧向分布如图 8-4 所示。

通过计算和简化,电场强度 E 的计算公式如下:

$$E = \frac{C}{\sqrt{X^2 + h^2}} \frac{h}{\sqrt{X^2 + h^2}} = \frac{Ch}{X^2 + h^2} \tag{8-2}$$

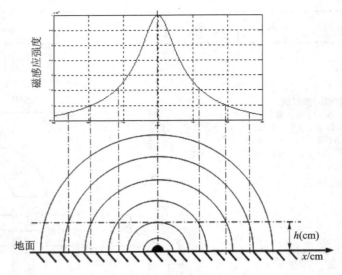

图 8-4 电磁信号线的空间磁场分布

式中，X 为横向坐标，单位为 cm；h 为高度，单位为 cm；C 为常数。

8.1.3 电磁传感器的原理

电感对交变磁场的感应图如图 8-5 所示，所以电感在传感器上一般为垂直于电磁赛道的信号线。

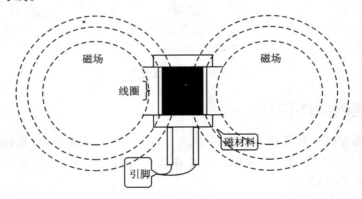

图 8-5 电感对交变磁场的感应

如图 8-6 所示，采用 10 mH 电感与 6.8 nF 构成的 LC 谐振电路，对赛道中心线发出的 20 kHz 交变磁场进行选频，然后进行放大，最后送入单片机进行采集。

对比图 8-7 可以发现，谐振具有明显的滤除多余其他频率杂波的作用。

如图 8-8 所示，采用运算放大器将经过 LC 谐振后的正弦波进行放大，由于运放使用+5 V 供电，所以输出的波形只有正半波，但是依然可以反映出磁场强度的大

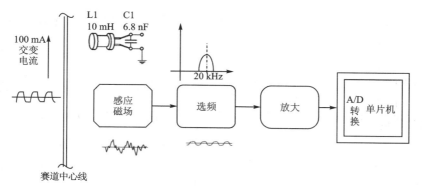

图 8-6 电磁感应信号处理流程

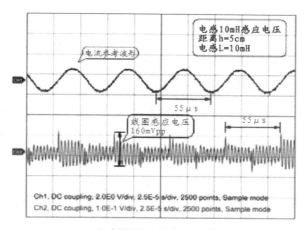

(a) 没有谐振电容时感应电压输出

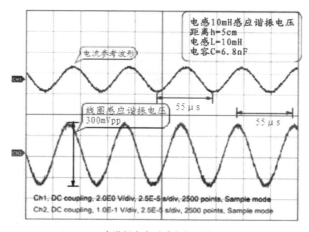

(b) 有谐振电容时感应电压输出

图 8-7 谐振电容对采集感应电压的影响

小。最后通过一个 0.1 μF 的电容进行滤波,将交流电压转换为直流电压,此直流电压正比于磁场强度的高低。

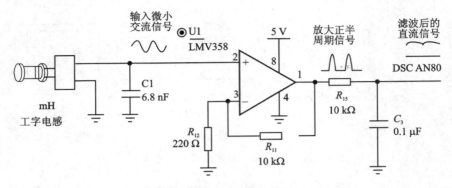

图 8-8 电磁信号处理电路简化图

8.1.4 电磁信号采集电路的分析

如图 8-9 所示,小车中使用了 TLV2464 四合一运放,AD_IN1～AD_IN4 是 4 路经过放大和滤波后的输出,SIGNAL1～SIGNAL4 分别接在了 4 路 LC 选频电路上。

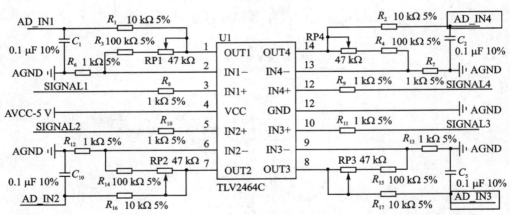

图 8-9 4 路电磁信号放大电路图

如图 8-10 所示,AD_IN1～ AD_IN4 分别连接了 A7～A4。也就是说,只需要读取 A7～A4 的电压值,就可以知道小车前端的 4 路 LC 电路检测到的磁感应强度。

4 路磁感应强度可以反映出小车的车身与赛道的夹角关系,为实施控制提供了依据。如图 8-11 所示,小车前端有 4 路 LC 选频电路,假设仅使用 E2 和 E3 来控制小车,则 E2-E3 的值如图 8-12 所示,横轴是车模偏离赛道的距离。可以看出,在 −15～15 cm 以内,E2-E3 是单调、线性的,根据 E2-E3 差值的大小可以判断车身

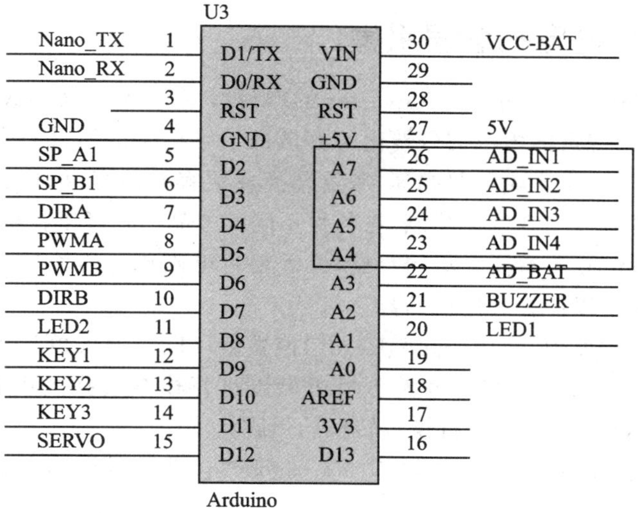

图 8-10 Arduino 开发板引脚使用

的位置。当然,也可以用 E1—E4 的值来判断,还可以用((E1+E2)-(E3+E4))的值来判断。

图 8-11 电磁传感器上的四路采集电感

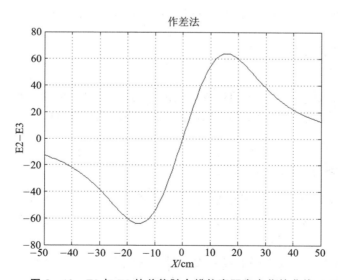

图 8-12 E2 与 E3 的差值随车模偏离距离变化的曲线

8.1.5 ADC 与电磁信号采集

ADC(Analog‑to‑Digital Converter 的缩写),指模/数转换器或者模拟/数字转换器,是指将连续变量的模拟信号转化为离散的数字信号的器件。真实世界的模拟信号,如温度、压力、声音或者图像等,需要转换成更容易储存、处理和发射的数字形式,模/数转换器可以实现这个功能,在各种不同的产品中都可以找到它的身影。

我们要处理电磁传感器采集的数据,就需要将电磁传感器输出的变化的电压信号转换为单片机可以计算和处理的数字信号。

在 Arduino 程序中,使用 analogRead()函数就可以将输入单片机引脚的模拟信号转换为数字量。前提是需要输入单片机可以进行模数转换的引脚。在 Arduino Nano 中,A0~A7 都是可以进行模数转换的引脚。

例如,需要读取图 8-10 中输入 A7 引脚的电磁信号电压值,可以编写如下程序:

```
int SensorAD1 = 0;              //第 1 路传感器 A/D 值
void setup()
{
}
void loop()
{
    SensorAD1 = analogRead(7);   //采集第 1 路 A/D 值
}
```

将读取函数放在 loop 循环中就可以不断地采集电磁信号的电压值了。

8.2 速度检测

智能车通过驱动电机实现前进或后退的运动,驱动电机的信号可大可小,速度自然也有大有小。要形成速度闭环,必须能够获得当前的速度,智能车是通过编码器获得当前的车速值。

8.2.1 测速基本原理

编码器(encoder)是将信号或数据进行编制,转换为可用以通信、传输和存储的信号形式的设备。编码器把角位移或直线位移转换成电信号,前者称为码盘,后者称为码尺。

分类:按照工作原理编码器可分为增量式和绝对式两类。增量式编码器是将速度信号转换成周期性的电信号,再把这个电信号转变成脉冲信号,用单位时间内的脉冲个数表示速度的大小。绝对式编码器的每一个位置对应一个确定的数字码,因此,它的示值只与测量的起始和终止位置有关,而与测量的中间过程无关。增量式编码器可用来测量速度信号,而绝对式编码器更多用来测量位移信号。

智能车设计上常用增量式编码器把转速信号转化为脉冲信号,增量式编码器的外形及内部结构如图 8-13 所示。速度越快,单位时间内的脉冲量越多,因此,可以通过读取单位时间内的脉冲个数(频率),得到智能车的对应速度;速度越快,相邻两个脉冲之间的时间越短,因此,通过计算相邻两个脉冲之间的时间(即周期),计算得到频率,也可以得到智能车的对应速度。

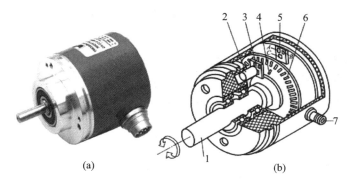

图 8-13 增量式编码器外形及内部结构

编码器码盘的材料有玻璃、金属、塑料。玻璃码盘是在玻璃上沉积很薄的刻线,其热稳定性好,精度高;金属码盘直接以通和不通刻线,不易碎,但由于金属有一定的厚度,精度就有限制,其热稳定性就要比玻璃的差一个数量;塑料码盘是经济型的,其成本低,但精度、热稳定性、寿命均要差一些。

码盘以每旋转 360°提供多少的通或暗刻线称为分辨率,也称解析分度或直接称多少线,一般每转分度 5～10 000 线。脉冲数、分辨率以及线数,这些概念其实都是同一个意思,只是叫法不同,意思是编码器旋转一圈所产生的脉冲个数。

工作原理如图 8-14 所示。有一个中心有轴的光电码盘,其上有环形通、暗的刻线,称为漏光盘。由灯泡发出的光经过聚光镜后,形成平行光,通过漏光盘和光栅板后由光敏管等接收器件读取,获得两组正弦波信号 A、B,再整形成方波信号(有些编码器直接输出方波信号),每个正弦波相差 90°相位。通过比较 A 相在前,还是 B 相在前,可以判断编码器是正转还是反转。编码器还有一个零位脉冲,每转输出一个 Z 相(图中标志为 C)脉冲以代表零位参考位。

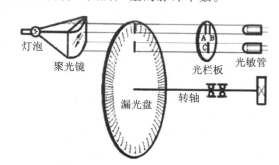

图 8-14 增量式编码器原理图

电气原理如图 8-15 所示，发光管常亮。当码盘旋转到光栅时，光线透过光栅打到右侧光敏三极管上，使其导通，三极管集电极输出低电压，经过整形反相后为高电平；当码盘挡住光源时，光敏三极管呈高阻态，由于 R2 的上拉作用，三极管集电极为高电平，经过整形反相后为低电平。因此，在码盘旋转时，编码器就会输出高低脉冲，转得越快，单位时间输出的脉冲数越多。

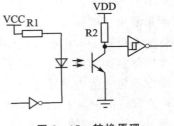

图 8-15 转换原理

辨向原理：编码器输出的 A、B 两相均为测速脉冲信号，但相差 90°相位，如图 8-16 所示。可以利用这 90°相位差来实现辨向。

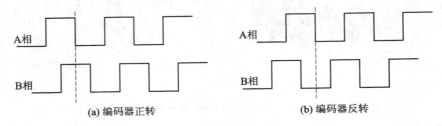

图 8-16 编码器输出

注意，尽量使输入的 A、B 相信号为标准的方波，有些编码器达不到要求，可以考虑在 A、B 相前端各加一个施密特触发器，既能对信号整形又可以滤除噪声。

8.2.2 硬件电路连接

本智能车所使用的电机为 DS-37RS520 减速电机，内部具有相对编码器，其接口中的 SP1、SP2 相当于编码器的 A 相和 B 相。但由于 Arduino Nano 的资源有限，只有两个引脚具有外部中断输入功能。在实际测速过程中，智能车基本上正向前进，较少用到智能车的反向控制和反向行进。考虑到以上因素，就在每个电机上只接了一个能中断的引脚，如图 8-17 中的 SP_B1 和 SP_A1。

		P5				P6	
MOT_B2	6	MOT2		MOT_A2	1	MOT1	
GND	2	GND		GND	2	GND	
SP_B1	3	SP1		SP_A1	3	SP1	
	4	SP2			4	SP2	
VCC-5V	5	5V		VCC-5V	5	5V	
MOT_B1	1	MOT1		MOT_A1	6	MOT2	
		M1				M2	

图 8-17 编码器的连接

能引发中断的引脚为 Arduino Nano 的 D2 和 D3 脚,它们所对应的中断分别是中断 0 和中断 1。如图 8-18 所示,SP_A1 接 D2 引脚,SP_B1 接 D3 引脚。

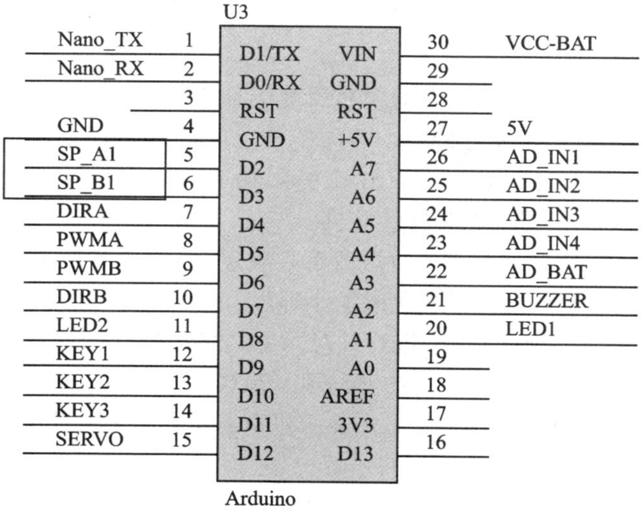

图 8-18 Arduino Nano 对应编码器的引脚

8.2.3 millis()方式测速

1. 中断引发方式

两个引脚的中断引发方式可以为 LOW、CHANGE、RISING、FALLING,考虑到测速需要计算周期,即从一个上升沿到另一个上升沿的时间,或者从一个下降沿到另一个下降沿的时间,因此只有 RISING 或者 FALLING 是符合要求的,这两种方式都可以。考虑到复位以后,不少端口都是上拉的,即为逻辑 1,故采用 FALLING 模式更好一些,因此在 setup()中需要设置中断触发模式为 FALLING。

```
//ENCODER
attachInterrupt(0,rightCount_CallBack,FALLING);    //中断 0 对应 D2 端口
attachInterrupt(1,leftCount_CallBack,FALLING);     //中断 1 对应 D3 端口
```

2. 如何计算车速

任何一个重复出现的信号都有频率(f)和周期(T)的概念,而且两者互为倒数关系:$f = \dfrac{1}{T}$,反映到车速测量上,就有测频法和测周法两种类型。

所谓测频法,就是按照频率的定义对信号的频率进行测量,即在固定的 1 s 时间内看能测到多少个脉冲。例如,在 1 s 内测到了 10 个脉冲,那么频率就是 10 Hz。测频法适合高频信号的测量。

所谓测周法,就是测量信号的两个上升沿或两个下降沿之间的时间。例如,某一信号的两个上升沿之间的时间为 10 ms,即 0.01 s,根据周期和频率的关系,周期的倒数即为频率,就是 100 Hz。测周法适合低频信号的测量。

3. 利用测频法测量车速

这里有个概念需要澄清:读到的频率值等于车速吗?我们知道,编码器的主要作用是看看轮子转一圈是多少脉冲。当编码器确定后,通过测量编码器就可以对应车速,但车速和脉冲频率之间只是一个比例关系,两者并不划等号,因为轮胎大小是不相同的,同样转一圈,走过的距离并不相同。

对于控制来说,如果小车的各种物理参数确定,那么只要计算出转动频率,就可以等同于车速,其他参数同比例放大或缩小即可。

2.4.1 小节中曾经介绍过 millis()计时函数,它保存着这个微控制器自从最后一次开启或重启已经运行了多少 ms 的时间值。想想看,如果通过不断读取 millis()获取当前值,每过 1 s 读取一下编码器,那么就可以获得 1 s 内检测到了多少个脉冲,从而获得当前车速的对应值。

FirstTime 代表上一次读取时的 millis(),SecondTime 代表本次读取时的 millis(),如果两者差值的绝对值达到 1 000 ms 时,就可以查看当前编码器计数了多少脉冲。这些脉冲数就是编码器的频率,就代表了车速。

这儿有两个问题值得探讨:

① 1 000 ms 是否合适?车速是控制参数之一,需要根据车速的变化来实现对智能车的控制。如果车速过快,如智能车的速度达到了 3 m/s,那么 1 s 的时间内智能车已经跑出了 3 m。此时再对智能车进行控制,显然有点晚了!那么是不是越快越好呢?也不是!因为车都有惯性,例如,周期为 1 ms 时前后两次测量的车速变化并不大,也许变化值仅仅是误差,显然也不太合适。从经验上说,10～100 ms 的周期比较合适,即 0.1 s 计算一次车速。

② 为何必须用绝对值?这个与 millis()这个函数相关。因为 millis()返回的值是一直加计数的,但计数器的大小有限,当计数达到最大值时会溢出,而计数器溢出相当于从 0 开始重新计数。绝大多数情况下,SecondTime 会大于 FirstTime,但如果在 FirstTime 和 SecondTime 之间恰巧跨越了溢出时刻,那么相当于 FirstTime 极大,而 SecondTime 极小,此时就需要用到绝对值了。

4. 程序及说明

```
#define COUNTER_TIME 100
int LeftCounter = 0, RightCounter = 0;
float LeftSpeed, RightSpeed;
void setup()
{
    //设置两个外部中断触发方式为 FALLING
```

```
  attachInterrupt(0,rightCount_CallBack, FALLING);
  attachInterrupt(1,leftCount_CallBack, FALLING);
}

void loop()
{
  if(speedDetection() == true)
  {
    uartOutput();            //通过串口输出值
  }
}
void uartOutput()
{
  Serial.print("L:");
  Serial.print(LeftSpeed);      //向上位计算机上传左车轮电机当前转速的高、低字节
  Serial.print("    R:");
  Serial.println(RightSpeed);   //向上位计算机上传右车轮电机当前转速的高、低字节
  Serial.print("\n");
}

//速度计算
bool speedDetection()
{
  static unsigned long FirstTime = 0, SecondTime = 0;    // 时间标记
  SecondTime = millis();                                 //以毫秒为单位,计算当前时间
  //因为COUNTER_TIME被定义为100,如果计时时间已达0.1 s就开始计算
  if(abs(SecondTime - FirstTime)>= COUNTER_TIME)
  {
    detachInterrupt(0);       // 关闭外部中断0
    detachInterrupt(1);       //关闭外部中断1
    //把每一秒钟编码器码盘计得的脉冲数,换算为当前转速值
    //转速单位是每分钟多少转,即r/min。这个编码器码盘为130线
    LeftSpeed = (float)LeftCounter / 130 * 60 / COUNTER_TIME * 1000;//左轮转速
    RightSpeed = (float)RightCounter / 130 * 60 / COUNTER_TIME * 1000;//右轮转速
    //恢复到编码器测速的初始状态
    LeftCounter = 0;          //把脉冲计数值清零,以便计算下一秒的脉冲计数
    RightCounter = 0;
    FirstTime = millis();     // 记录每秒测速时的时间节点
    attachInterrupt(0, rightCount_CallBack,FALLING);   //重新开放外部中断0
    attachInterrupt(1, leftCount_CallBack,FALLING);    //重新开放外部中断1
    return true;
  }
}
```

```
    else
      return false;
}
//左轮编码器中断服务函数
void leftCount_CallBack()
{
  LeftCounter ++ ;
}
//右轮编码器中断服务函数
void rightCount_CallBack()
{
  RightCounter ++ ;
}
```

程序说明:

① 首先设定 COUNTER_TIME 为 100,并把它作为 SecondTime 和 FirstTime 的差的绝对值的比较值,即 0.1 s 计算一次车轮速度。

② 左轮和右轮分别计算,从而可以得到小车转弯时的左右车轮速度差值,从而可知小车的转弯实时状态。

③ speedDetection()就是计算车速的子函数,是一个布尔量。当计时时间到达 100 ms 时,可以计算车速,此时返回 true,输出车速值;如果不到 100 ms 定时时间,则返回 false。

④ rightCount_CallBack()和 leftCount_CallBack()分别是中断 0 和中断 1 的对应函数,触发事件为 FALLING,即下降沿触发。每次触发,相应的计数器加 1。

⑤ 获得的编码器频率需要转换成以 r/min 为单位,即 RPM,每分钟多少转。由于编码器是 130 线,即每转一圈是 130 个脉冲,从频率值可以换算出对应的 RPM。

⑥ 计算中关闭中断是为了避免在计算过程中被中断,从而延长计算时间。计算完毕后将当前 millis()值赋给 FirstTime,同时开放中断,进入下一个流程。

8.2.4 定时器方式测速

要实现测速,首先电机要动起来才有速度,否则无法测速。所以此程序中用到了低速、高速和停止 3 个按键控制车速,与测速相结合。通过定时中断和外部中断相结合,实现精确的测量。

应该说明的是,利用 millis()进行速度测量,从理论上并不准确,因为读取 millis()的时刻是不确定的;但利用定时器中断来测量车速,从原理上更准确,因为定时器的中断触发是准时的。

```
#include <MsTimer2.h>              //定时器库的头文件
//编码器设置
```

```
#define COUNTER_TIME 100
int LeftCounter = 0, RightCounter = 0;
float LeftSpeed,RightSpeed;
//电机设置
#define CHANGE_TIME 100
#define CHANGE_SPEED 5
unsigned char RunDirect = 0;
unsigned char MotorPWM = 0;

void setup()
{
  //设置触发方式为 FALLING
  attachInterrupt(0,rightCount_CallBack, FALLING);
  attachInterrupt(1,leftCount_CallBack, FALLING);
  //设置串口波特率
  Serial.begin(9600);
  //设置电机
  pinMode( 4, OUTPUT);
  pinMode( 5, OUTPUT);
  pinMode( 6, OUTPUT);
  pinMode( 7 ,OUTPUT);
  //设置按键
  pinMode(9, INPUT);
  //设置定时器中断,每 100 ms 进入一次中断服务程序 onTimer()
  MsTimer2::set(COUNTER_TIME, onTimer);
  MsTimer2::start();                        //开始计时
}
void loop()
{
  keyControlMotor();
}
// 按键控制电机,实现低速、高速和停止 3 种状态
void keyControlMotor()
{
  if(digitalRead(9) == LOW)                 //按下此键,转速低速
  {
    delay(100);
    while(digitalRead(9) == LOW);
    digitalWrite( 4 , LOW );
    digitalWrite( 7 , LOW );
    analogWrite(5 , 100);
    analogWrite(6 , 100);
```

```
  }
  if(digitalRead(10) == LOW)                //按下此键,转速高速
  {
    delay(100);
    while(digitalRead(10) == LOW);
    digitalWrite( 4 , LOW );
    digitalWrite( 7 , LOW );
    analogWrite(5 , 200);
    analogWrite(6 , 200);
  }
  if(digitalRead(11) == LOW)                //按下此键,转速为0
  {
    while(digitalRead(11) == LOW);
    digitalWrite( 4 , LOW );
    digitalWrite( 7 , LOW );
    analogWrite(5 , 0);
    analogWrite(6 , 0);
  }
}
//串口输出
void uartOutput()
{
  Serial.print("L:");
  Serial.print(LeftSpeed);       //向上位计算机上传左车轮电机当前转速的高、低字节
  Serial.print("   R:");
  Serial.println(RightSpeed);    //向上位计算机上传右车轮电机当前转速的高、低字节
  Serial.print("\n");
}
//右轮编码器中断服务函数
void rightCount_CallBack()
{
  RightCounter ++ ;
}
//左轮编码器中断服务函数
void leftCount_CallBack()
{
  LeftCounter ++ ;
}
//中断服务程序
void onTimer()
{
  detachInterrupt(0);                       //关闭外部中断0
```

```
    detachInterrupt(1);                           //关闭外部中断 1
    //把每一秒钟编码器码盘计得的脉冲数,换算为当前转速值
    //转速单位是每分钟多少转,即 r/min。这个编码器码盘为 130 线
    LeftSpeed = (float)LeftCounter/130 * 60/COUNTER_TIME * 1000;     //小车左轮转速
    RightSpeed = (float)RightCounter/130 * 60/COUNTER_TIME * 1000;    //小车右轮转速
    //恢复到编码器测速的初始状态
    LeftCounter = 0;      //把脉冲计数值清零,以便计算下一秒的脉冲计数
    RightCounter = 0;
    attachInterrupt(0, rightCount_CallBack,FALLING);    //重新开放外部中断 0
    attachInterrupt(1, leftCount_CallBack,FALLING);     //重新开放外部中断 1
    uartOutput();
}
```

8.3 本讲小结

本讲首先对电磁赛道的基本参数及基本原理进行了分析,并讲解了电磁传感器的检测原理及采集电路的基本原理,最后通过 ADC 读入 Arduino 控制板中,通过例程展示了如何采集 4 路模拟量及通过串口显示所采集的模拟量。本讲的第二部分为车速的测量,在介绍测量原理的基础上,通过 millis()和定时器中断两种方法实现了脉冲的测量,从而可以获得车速的对应值。

第 9 讲

智能车调试方法

　　智能车并不是生来就具有"智能"的,它的"智能"是人的思想的体现。为了实现智能控制,我们要了解智能车到底"看"到了什么,并依据自己的想法去实现相应的控制。虽然智能车是一个独立的系统,但它却不是孤立的,我们看待智能车时,一定要把它和调试环境联系起来。事实证明,要取得好的竞赛成绩,一个友好的调试环境是不可缺少的。一个高效的调试软件往往能够帮助我们缩短调试周期,提高调试效率,起到事半功倍的效果。

　　这一讲学习串口通信与智能车调试。

9.1　有线串口通信

9.1.1　常规串口通信

　　串口通信是一种嵌入式开发极其常见的开发手段,其特点是速度不高,但连接简单,只需3根线就能实现串口通信,十分方便。图9-1是单片机与PC之间进行串口通信的基本连接方法,接口中包括了TXD、RXD和GND这3根线。

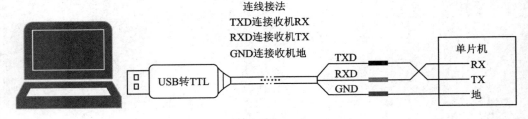

图 9-1　串口通信连接方法

　　我们的Arduino nano开发板上已经集成了USB转TTL的电路,所以Arduino与PC间的通信可以直接通过一根USB线进行。之前的程序下载就是通过串口实现的,接下来的串行通信与下载时的接线相同,用下载用的USB线将Arduino nano与PC的USB接口连接起来就可以了。

　　串口通信中有个很重要的参数,叫波特率。波特率是串口通信的数据传输速率,单位是 bps,代表着串口每秒传输的数据位。波特率越大串口传输速度越快,通常使用的波特率有 9 600 bps、115 200 bps 等。

异步串口通信具有位数、起始位、停止位和奇偶校验位等信息,所以我们提及的串口通信信息中也会包括这些内容。例如,我们说一个串口通信的信息为"9600,N,8,1",则代表波特率为 9 600 bps,无奇偶校验,每次传送数据位是 8 位,一个停止位。这个参数也是单片机串口通信的默认波特率参数。

在单片机串口通信默认波特率参数下,如果要传输 9 600 字节数据,最少的用时是多少?由于异步串口具有一个起始位,8 个数据位,一个停止位,所以传输一个字节数据至少需要传输 10 位。如果一个字节接着一个字节传输、中间没有空闲,那么 1 s 最多传输 960 字节的数据,那么 9 600 个字节的数据至少需要 10 s。

9.1.2 采集数据送入计算机显示

前面讲到了怎么将电磁信号的电压值采集出来,这里介绍将采集到的 4 路传感器值通过串口发送至计算机显示。

程序如下:

示例:采集 A/D 值并通过串口发送到串口助手上查看。

```
int SensorAD1 = 0 ;          //第 1 路传感器 A/D 值
int SensorAD2 = 0 ;          //第 2 路传感器 A/D 值
int SensorAD3 = 0 ;          //第 3 路传感器 A/D 值
int SensorAD4 = 0 ;          //第 4 路传感器 A/D 值
int PowerAD ;                //电源电压检测 A/D 值
float PowerVoltage ;         //实际电源电压值
void setup()
{
   Serial.begin(9600);       //串口初始化
}
void loop()
{
   AD_Collection();          //传感器 A/D 值采集子函数
   uartOutput();             //串口输出各路 A/D 值与电源电压的子函数
   delay(1000);
}

void AD_Collection()
{
   SensorAD1 = analogRead(7) ;    //采集第一路 A/D 值
   SensorAD2 = analogRead(6) ;    //采集第二路 A/D 值
   SensorAD3 = analogRead(5) ;    //采集第三路 A/D 值
   SensorAD4 = analogRead(4) ;    //采集第四路 A/D 值
   PowerAD = analogRead(3) ;      //采集电压 A/D 值
   PowerVoltage = PowerAD / 1023.0 * 5 / 1000 * 4320 ;   //由 A/D 值计算电源电压
```

```
}
void uartOutput()
{
  Serial.print("AD1:");
  Serial.println(SensorAD1);    //串口输出第一路 A/D 值
  Serial.print("AD2:");
  Serial.println(SensorAD2);    //串口输出第二路 A/D 值
  Serial.print("AD3:");
  Serial.println(SensorAD3);    //串口输出第三路 A/D 值
  Serial.print("AD4:");
  Serial.println(SensorAD4);    //串口输出第四路 A/D 值
  Serial.print("PowerVoltage:");
  Serial.print(PowerVoltage);   //串口输出电源电压
  Serial.println("V");
  Serial.print("\n");
}
```

该例程使用了两个子函数 AD_Collection()和 uartOutput()。其中,AD_Collection()用来读出 4 路模拟量,uartOutput()用于通过串口显示。两个子函数的使用使得整个程序功能非常简洁清晰。那么如何进行串口数据的监视呢?

将程序下载进 Arduino 后不要将下载线从开发板上拔下来。如图 9-2 所示,在 Arduino 编程界面选择"工具(Tools)→串口监视器(Serial Monitor)"菜单项,则可看到如图 9-3 所示的串口数据。

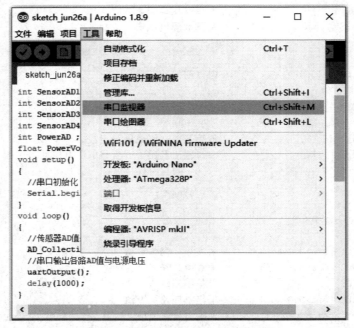

图 9-2 使用 sketch 的串口查看功能

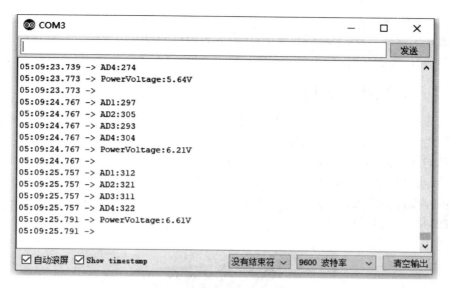

图 9-3 串口监视器显示数据

当然,还有更简单快捷的方法可以打开这个监控界面,例如,使用快捷键"Ctrl+Shift+M"或单击如图 9-4 所示的串口监视器快捷标志。

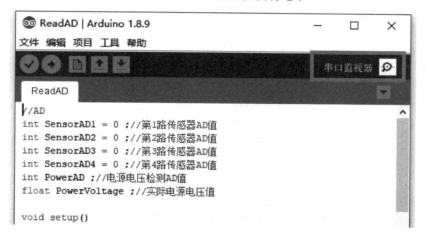

图 9-4 快捷方式打开串口监视器

9.2 无线串口通信

目前市面上有很多无线设备支持串口通信,这样就可以使用串口通信的方式让单片机和 PC 之间实现无线数据通信。

在智能车等科技创新类项目的制作时经常会用到无线调试的方法,通过串口转蓝牙或 WIFI 的方式将车辆或机器人的一些重要参数和数据实时地发送到上位机，并形成相关曲线，以便于观察和分析，这种真机调试的方式比模拟仿真更接近实际运行时的情况。

9.2.1 蓝牙串口模块

蓝牙(Bluetooth®)是一种无线技术标准，可实现固定设备、移动设备和楼宇个人域网之间的短距离数据交换(使用 2.4～2.485 GHz 的 ISM 波段的 UHF 无线电波)。

我们在此使用的蓝牙模块 HC-05(如图 9-5 所示)已经在内部实现了蓝牙协议，不用再去自己开发调试协议。这类模块一般都是借助于串口协议通信，因此只须借助串口将需要发送的数据发送给蓝牙模块，蓝牙模块自动将数据通过蓝牙协议发送给配对好的蓝牙设备。

图 9-5　HC-05 蓝牙串口模块

将 HC-05 接到智能车主板的蓝牙接口上，如图 9-6 所示，就可以实现 Arduino 蓝牙串口通信。智能手机一般都配备有蓝牙功能，确认蓝牙模块接好后打开电源开

图 9-6　蓝牙串口模块接插在智能车主板上

关,则发现蓝牙模块上的指示灯开始闪烁,此时蓝牙模块进入被搜索状态。这时,可以使用手机上的蓝牙搜索功能查找HC-05这个蓝牙设备,单击"连接"后会要求输入配对码,一般输入1234即可。配对成功后,即可使用手机端的串口助手来进行数据通信。手机端串口助手可以在应用商店搜索"蓝牙串口助手"即可,如SPP蓝牙串口助手。

PC端有蓝牙功能,则可以直接使用自带的蓝牙搜索HC-05模块;若不带蓝牙功能,则需要使用蓝牙适配器,如图9-7所示。

图9-7 HC-05蓝牙模块

9.2.2 433M无线模块

433M无线模块有传输距离远、低功耗、抗干扰能力强等特点,如图9-8所示。

图9-8 433M无线模块

433M无线模块在硬件连接上与蓝牙相似,两者都属于串口通信,但在选用上需要按照自己的需求来定。蓝牙传输距离短,一般在10~30 m,传输过程衰减大,信号穿透、绕射能力差,信号易被物体遮挡;433M无线模块信号强,传输距离长,穿透、绕射能力强,传输过程衰减较小。在传输速率上,蓝牙速率快(250 kbps),433M速率较低(100 kbps)。

9.3 上位机调试软件

前面已经讨论了通过有线或无线模块进行串口数据的传输,要提高我们的调试效率,一个好的调试助手是非常重要的。那么,我们需要一个什么样的调试助手呢?调试助手一般是一个上位机软件,可以基于PC,也可以基于当前的智能手机、平板电脑来开发相关的 APP 软件。至于采用何种平台、何种语言进行编写，根据自己的知识积累或个人喜好而定。

9.3.1　通用软件

既然通过串口可以实现数据的传输，当然可以采用串口助手一类的软件来查看参数。虽然这种查看方式不直观，但起码可以看到过程数据，比起"盲人骑瞎马"要好了不少。

常用的串口助手软件很多，选择一款自己比较熟悉的即可。以 uartassist 软件为例，打开该软件后可以看到，其界面简单整洁，如图 9-9 所示，左边区域分别是串口设置区、接收设置区和发送设置区，右边区域为接收数据区和发送数据区。

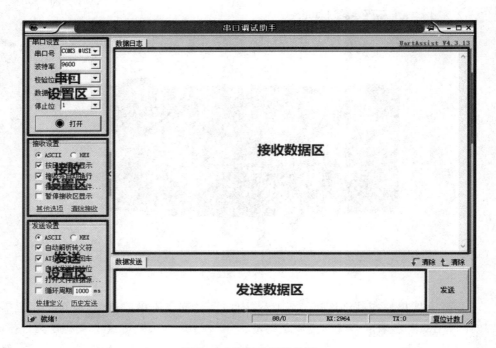

图 9-9　串口助手的分区

串口设置可以设置串口号、波特率、校验位、数据位、停止位。设置串口号时，应该先查看本计算机可用的串口号，一旦串口号和波特率等参数被设定，单击"打开"按钮，则可以看到"打开"按钮变为了"关闭"按钮，同时其左边原来的黑色圆圈变红，并像小太阳一样发出光芒，如图 9-10 所示，就代表打开成功了，同时其他参数会变灰，不允许修改了。如果此时有数据被传送过来，则接收数据区会收到数据。

一旦串口被打开，如果有数据传送过来，则数据接收区就会源源不断地显示出来，如图 9-11 所示。

图 9-10 串口打开前后对比

图 9-11 接收到数据

对于接收数据要注意两点：

① 波特率一定要设置正确，否则会收到一些乱码，如图 9-12 所示，此时只要将波特率设置正确就可以正确显示了。

```
[2019-06-26 14:39:36.810]# RECV ASCII>
□□`□□˜  ?f?榀□`□□˜   □横?榀□□    □˜  ?f?榀
□□``□˜   □□x搞榀 f繁fx□哈嘿郯 f鉴砂˜□壶□   xf  榀榀
```

图 9-12 波特率不正确收到乱码

② 要选择以 ASCII 码显示，还是 HEX 显示；当选择为 HEX 显示时，数据不再那么直观，但对于一些数据的分析却非常有用。例如，有经验的开发者一看到"0D 0A"就明白这是"回车换行"；HEX 对于二进制的对应关系更加明显，例如，看到第一个数据"41"就马上想到它的二进制为"0100 0001"，非常直观，如图 9-13 所示。

```
[2019-06-26 14:44:22.505]# RECV HEX>
41 44 31 3A 32 38 33 0D 0A 41 44 32 3A 32 38 33 0D 0A 41 44
33 3A 32 36 36 0D 0A 41 44 34 3A 32 36 38 0D 0A 50 6F 77 65
72 56 6F 6C 74 61 67 65 3A 35 2E 34 33 56 0D 0A 0A
```

图 9-13　以 HEX 格式显示数据

另外，在数据接收设置区可以设置为"接收转向文件"选项，于是将接收到的数据存到特定的文件中，并在后续的处理中使用这些数据。

当然，也可以实现数据的发送功能。发送过程中也分为 ASCII 码和 HEX，设置包括了是否在数据后面加上"AT 指令自动回车"，即在发送的一串数据后面加上 0x0D、0x0A，这可以作为一些数据传送完毕的标志。

有了这些内容就可以通过串口助手在计算机和智能车之间建立沟通的桥梁，调试智能车过程中既可以查看智能车运行过程中的数据，如跑道信息、速度信息等；也可以把相关设置参数发到智能车上，从而加快智能车的调试速度，提高调试质量。

9.3.2　专用软件

智能车主控开发板是下位机。如果想在小车运行中让自己的笔记本电脑显示小车运行中的转角、车速、采集到的信号和图像，那我们的笔记本就可以称之为上位机，笔记本中运行的程序则称之为上位机软件。也就是说，上位机软件可以让人直观地看到智能车运行中的各项参数，并实时下发控制指令（通常需要借助无线通信，如蓝牙、WIFI 等），极大地方便了我们的调试工作，让原来的"玄学调参"变得有理有据；能看到数据，使调车的工作从感性变成了理性。

前面介绍的通用串口软件虽然能够提供基本的调试功能，但毕竟这类软件考虑通用性方面比较多一些，有时候并不满足特定的需求。此时可以考虑自己编写相关的上位机软件，从而更加满足自己的调试需求，这类调试软件称为"专用软件"。

图 9-14 为一个摄像头调试用的上位机软件，直观显示了调试需要的信息，大大方便了参数调试。对于使用电磁寻迹的智能车来说，道理也是一样的，可以自己编写类似的调试软件来辅助调试。

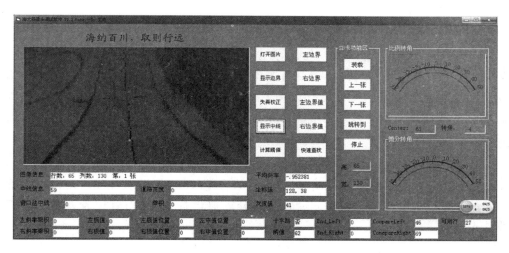

图 9 - 14　智能车上位机

9.4　PID 调试

在过程控制中,按偏差的比例(Proportional,P)、积分(Integral,I)和微分(Derivative,D)进行控制的 PID 控制器(亦称 PID 调节器)是应用最为广泛的一种自动控制器。它具有原理简单、易于实现、适用面广、控制参数物理意义明确、参数的选定比较简单等优点,而且在理论上可以证明,对于过程控制的典型对象——一阶和二阶线性时不变控制对象,PID 控制器是一种最优控制。图 9 - 15 是一个基本的 PID 控制框图。

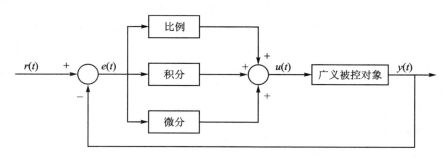

图 9 - 15　基本 PID 控制框图

PID 控制器调节输出是为了保证偏差值 $e(t)$ 为零,使系统达到一个预期稳定状态。这里的偏差 $e(t)$ 是给定值 $r(t)$ 和被控变量 $y(t)$ 的差(Error):

$$e(t) = r(t) - y(t) \tag{9-1}$$

9.4.1 位置式与增量式 PID 控制算法

PID 分为模拟式 PID 和数字式 PID 两种,这里直接介绍数字式 PID 控制算法。数字式 PID 又可以细分为位置式 PID 和增量式 PID。如果 PID 直接算出的是希望的执行器位置,则称其为位置式 PID 算法;如果 PID 给出的是执行器的变化量,则称为增量式 PID 算法。实际应用中具体采用何种控制算法,主要与执行机构的属性有关。

1. 位置式 PID 控制算法

计算机控制是一种采样控制,以一系列的采样时刻 kT 代表连续时间 t,以矩形法数值积分近似代替积分,以一阶后向差分近似代替微分,则有位置式数字 PID 算法:

$$u(k) = K_P \left\{ e(k) + \frac{T}{T_I} \sum_{j=0}^{k} e(j) + T_D \left[\frac{e(k) - e(k-1)}{T} \right] \right\}$$

$$= K_P e(k) + K_I \sum_{j=0}^{k} e(j) T + K_D \frac{e(k) - e(k-1)}{T} \quad (9-2)$$

其中,T 为采样周期,k 为采样序号,$k=1,2,\cdots$,$K_I = \frac{K_P}{T_I}$,$K_D = K_P T_D$,T_I 为积分时间常数,T_D 为微分时间常数;$e(k) = r(k) - y(k)$,为第 k 次采样时刻的偏差值,则 $e(k-1) = r(k-1) - y(k-1)$ 为第 $k-1$ 次采样时刻的偏差值。

式(9-2)中有 3 项,分别是:
- 比例项:是当前误差采样的函数;
- 积分项:是从第一个采样周期到当前采样周期所有误差项的函数;
- 微分项:是当前误差采样和前一次误差采样的函数。

上述 PID 原理称为位置式 PID 算法,可见当前位置与所有的误差都有关系,需要保存所有误差项。具体操作方法是:首先定义参数并进行初始化,分别存储 k 时刻误差、$k-1$ 时刻误差以及 $k-2$ 时刻误差;下一周期采入新的 $r(k)$ 及 $y(k)$,进而计算新的偏差值;使用式(9-2)计算控制器的输出,同时进行参数更新,由此完成一个周期的控制。

2. 增量式 PID 控制算法

增量式数字 PID 控制算法可描述如下:

$$u(k) = K_P e(k) + K_I \sum_{j=0}^{k} e(j) T + K_D \frac{e(k) - e(k-1)}{T} \quad (9-3)$$

将式(9-3)的 k 用 $k-1$ 来代替,可得

$$u(k-1) = K_P e(k-1) + K_I \sum_{j=0}^{k-1} e(j) T + K_D \frac{e(k-1) - e(k-2)}{T} \quad (9-4)$$

将式(9-3)和式(9-4)相减可得:

$$\Delta u(k) = u(k) - u(k-1)$$
$$= K_P[e(k) - e(k-1)] + K_I e(k)T + K_D \frac{e(k) - 2e(k-1) + e(k-2)}{T}$$
(9-5)

则
$$u(k) = u(k-1) + \Delta u(k) \tag{9-6}$$

从式(9-6)可知,在前一次输出值已知的情况下,只需要算出 $\Delta u(k)$ 即可计算出 $u(k)$,而 $\Delta u(k)$ 只与 $e(k)$、$e(k-1)$、$e(k-2)$ 相关,计算较为简单。

增量式 PID 控制算法的具体操作步骤比较简单,只需要存储 k 时刻误差、$k-1$ 时刻误差以及 $k-2$ 时刻误差,然后利用式(9-5)计算增量输出就可以了。

增量式算法相对于位置式算法主要有如下两个特点:

① 如果执行机构本身具有积分特性,如脉冲式步进电机,则就可采用增量式算法,直接将增量 $\Delta u(k)$ 输出,被执行器使用。

② 对增量式算法,将控制器从手动切换到自动模式时,可以实现无扰切换,不需要对输出进行任何形式的初始化。

下面介绍 3 个基本参数 K_P、K_I 和 K_D 在实际控制中的作用。

比例控制 K_P:就是对偏差进行控制,偏差一旦产生,控制器立即就发生作用,使被控量朝着减小偏差的方向变化,偏差减小的速度取决于比例系数 K_P,K_P 越大偏差减小得越快,但是很容易引起振荡,尤其是在迟滞环节比较大的情况下,K_P 减小,发生振荡的可能性减小,但是调节速度变慢。单纯的比例控制不能消除稳态误差。

积分控制 K_I:实质上就是对偏差累积进行控制,直至偏差为零。积分控制作用始终施加指向给定值的作用力,有利于消除稳态误差,其效果不仅与偏差大小有关,而且还与偏差持续的时间有关(相当于对误差进行时间上的积分)。

微分控制 K_D:它能敏感地感应出误差的变化趋势,可在误差信号出现之前就起到修正误差的作用,有利于提高输出响应的快速性,减小被控量的超调和增加系统的稳定性。但微分作用很容易放大高频噪声,降低系统的信噪比,从而使系统抑制干扰的能力下降。因此,在实际应用中,应恰当运用微分控制。

9.4.2 PID 参数调节技巧

PID 控制器参数选择的方法很多,如试凑法、临界比例度法、扩充临界比例度法等。但是,对于 PID 控制而言,参数的选择始终是一件非常繁杂的工作,需要经过不断的调整才能得到较为满意的控制效果。依据经验,一般 PID 参数确定的步骤如下:

(1) 确定比例系数 K_P

确定比例系数 K_P 时,首先去掉 PID 的积分项和微分项,使之成为纯比例环节。输入设定为系统允许输出最大值的 60%～70%,比例系数 K_P 由 0 开始逐渐增大,直至系统出现振荡;再反过来,从此时的比例系数 K_P 逐渐减小,直至系统振荡消失。

记录此时的比例系数 K_P，设定 PID 的比例系数 K_P 为当前值的 60%～70%。

(2) 确定积分时间常数 T_I

比例系数 K_P 确定之后，设定一个较大的积分时间常数 T_I，然后逐渐减小 T_I，直至系统出现振荡，然后再反过来，逐渐增大 T_I，直至系统振荡消失。记录此时的 T_I，设定 PID 的积分时间常数 T_I 为当前值的 150%～180%。

(3) 确定微分时间常数 T_D

微分时间常数 T_D 的设定与确定 K_P 的方法相同，取不振荡时其值的 30%。

(4) 系统空载、带载联调

对 PID 参数进行微调，直到满足性能要求。

需要说明的是，PID 参数不是唯一的，每一个参数在控制中的作用不同，但最终结果是三者共同作用的结果。

附网上流行的调试口诀：

参数整定找最佳，从小到大顺序查；
先是比例后积分，最后再把微分加；
曲线振荡很频繁，比例度盘要放大；
曲线漂浮绕大弯，比例度盘往小扳；
曲线偏离回复慢，积分时间往下降；
曲线波动周期长，积分时间再加长；
曲线振荡频率快，先把微分降下来；
动差大来波动慢，微分时间应加长；
理想曲线两个波，前高后低 4 比 1；
一看二调多分析，调节质量不会低。

9.5 四轮车整机程序

要让整车动起来，实际上并不难，前面讲过了电机控制、舵机控制及赛道检测、速度检测以及 PID 调节等，将上述的模块连接起来就可以让小车循轨迹跑起来。

以下给出一个只有比例调节的演示实例，虽然比较简单，但基本原理及参数调节的思路都是齐备的。如果要使其跑得更好更快，读者可以试着添加速度检测、合适的积分和微分参数等，一定会获得更好的效果。

世界上没有两片完全一样的叶子，读者需要在理解智能车原理的基础上，试着用自己独特的方法去控制自己的智能车。看自己设计的智能车在赛道上飞驰是一种让人兴奋的成功体验。

```
#include <Servo.h>
int SensorAD1 = 0 ;     //第一路传感器 A/D 值
int SensorAD4 = 0 ;     //第四路传感器 A/D 值
```

```
Servo servo_pin_12;
void setup()
{
  //电机对应引脚设定
  pinMode( 4, OUTPUT);
  pinMode( 5, OUTPUT);
  pinMode( 6 , OUTPUT);
  pinMode( 7 , OUTPUT);
  //舵机对应引脚设定
  servo_pin_12.attach(12);
  //让两路电机正方向转动
  digitalWrite( 4 , LOW );
  digitalWrite( 7 , LOW );
  analogWrite(5 , 100);
  analogWrite(6 , 100);
}
void loop()
{
  int ServoValue = 0;                       //舵机值
  int SensorDeviation;                      //传感器偏差值
  float Proportion = 0.5;                   //比例控制 P 项
  float Result;                             //计算结果
  SensorAD1 = analogRead(7) ;               //采集第一路传感器 A/D 值
  SensorAD4 = analogRead(4) ;               //采集第四路传感器 A/D 值
  SensorDeviation = SensorAD4 - SensorAD1 ; //计算两个传感器的偏差
  Result = SensorDeviation * Proportion;    //比例项闭环控制
  ServoValue = (SensorDeviation + 90);      //将计算结果叠加到舵机中值上
  if (130＜ServoValue)                      //防止计算结果过大导致舵机右打死
  {
    ServoValue = 130;
  }
  if (ServoValue＜50)                       //防止计算结果过小导致舵机左打死
  {
    ServoValue = 50 ;
  }
  servo_pin_12.write( ServoValue );
}
```

显然,该程序只用到了最边缘的两路模拟量来表示智能车偏离赛道的程度,控制参数也只用到了 P 参数。

9.6 本讲小结

本讲介绍了通过串口对 Arduino 开发板的调试方法。串口分为有线和无线两种，无线又分多种形式，蓝牙串口和 433 MHz 无线模式是两种可用的无线方式。可以使用通用的串口上位机软件，也可以自己编制专用的上位机软件来加快调试过程。对应智能车的调试来讲，PID 是最常用的一种形式，PID 分为位置式和增量式，其 PID 参数的调试需要一定的技巧；最后通过一个只有 P 参数的智能车简易程序来演示智能车的编程过程。

第 10 讲

Arduino 的图形化编程

10.1 图形化编程软件 ArduBlock

10.1.1 ArduBlock 来历

ArduBlock 是一款专门为 Arduino 设计的图形化编程软件,由上海新车间创客(如图 10-1 所示)研制开发。这是一款第三方 Arduino 官方编程环境软件,目前必须在 Arduino IDE 的软件下运行。但是区别于官方文本编辑环境,ArduBlock 是以图形化积木搭建的方式进行编程的。就如同小孩子玩的积木玩具一样,这种编程方式使得编程的可视化和交互性大大增强,而且降低了编程的门槛,让没有编程经验的人也能够给 Arduino 编写程序,让更多的人投身到新点子新创意的实现中来。

图 10-1 新车间创客空间

新车间开发的 ArduBlock 受到了国际同道的好评,尤其在 Make 杂志主办的 2011 年纽约 Maker Faire 展会上,Arduino 的核心开发团队成员 Massimo Banzi 特别感谢了上海新车间创客开发的图形化编程环境 ArduBlock。

ArduBlock 的官方下载网址为 http://blog.ardublock.com/zh/。

Ardublock 这个图形化编程插件并不是独立运行的,它是 Adruino IDE 的一个工具,有了这个工具就可以直接图形化编程。所以需要先下载安装 Adruino IDE 软件,然后再安装 Ardublock。这个过程看似很复杂,实际上是很简单一个操作,可以自行搜索,安装起来并不难。安装完了之后就在工具这一栏看到 Ardublock 这个选项,点进去就可以进入到图形化编程的界面。

Arduino 和 ArduBlock 有很多版本,而且两者还在不断更新中,所以会有新版本的兼容问题。为了让初学者不再为如何安装 ArduBlock 烦心,本书配套的软件已经为用户设置好了相关的 ArduBlock 模块,用户只要下载后解压缩即可使用。本书以 Arduino 1.6.6 版本和 ArduBlock 教育版 1.0 为例进行讲解。

10.1.2 打开 ArduBlock

首先进入解压目录,并双击如图 10-2 所示标志为"arduino"的文档。于是就会弹出如图 10-3 所示的启动界面,可以看出,其上面的一排菜单为"文件"、"编辑"、"项目"、"工具"、"帮助"。这些菜单的含义及操作后面会在需要的时候专门讲解,这儿只讲如何进入 ArduBlock 的界面。选择图 10-3 中的"工具→ArduBlock"菜单项。则弹出如图 10-4 所示的图像化编程画面。

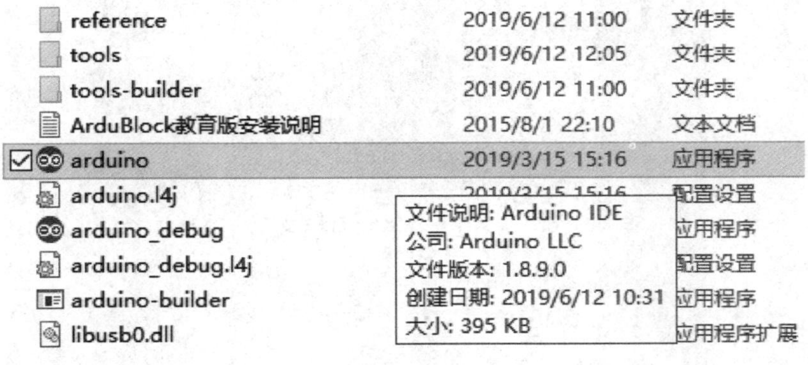

图 10-2 双击标志为"arduino"的文档

ArduBlock 左侧有几类控制命令,称为"积木群"。通过拉拽这些积木群中的积木就可以达到图形化编程的效果。图形化编程的所有图形控件都在"主程序 Main"这个黄色控件里面执行,如图 10-4 的右上角所示。如果没有这个黄色控件,程序无法执行;如果没有在黄色控件里面,则程序也不执行这个语句。

图 10-3 sketch 的初始画面

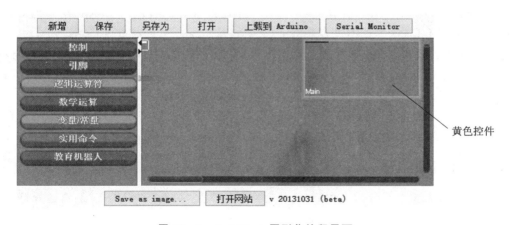

图 10-4 ArduBlock 图形化编程界面

ArduBlock 的界面主要分为三大部分,如图 10-5 所示,分别是工具区、积木区、编程区。其中,工具区主要包括新增、保存、另存为、打开、上载到 Arduino 等功能;积木区主要是用到的一些积木命令,编程区则是通过搭建积木编写程序的区域。

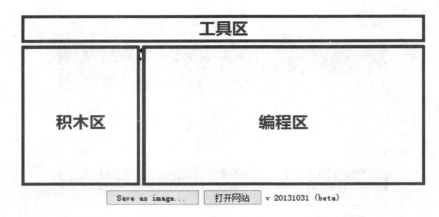

图 10-5　ArduBlock 图形化编程界面分区

10.2　ArduBlock 编程界面

10.2.1　工具区

工具区包括"新增"、"保存"、"另存为"、"打开"、"上载到 Arduino"、"Serial Monitor"6 项内容。

"新增"就是新建文件,"保存"就是将编辑的内容存盘,"另存为"就是不覆盖当前文件而另存为一个文件,"打开"就是打开一个已经存在的程序。上述内容都是其他软件的常用工具,这里就不过多介绍了。

单击"上载到 Arduino",则 Arduino IDE 生成代码,并自动上载到 Arduino 板子。需要注意的是,上载 Arduino 之前要查看一下端口号和板卡型号是否正确。单击"上载到 Arduino"之后,就可以打开 Arduino IDE 查看程序是否上载成功。

"Serial Monitor"则是打开串口监视器,串口监视器只有在计算机中已经安装 Arduino 下载端口时才能打开。

10.2.2　积木区

积木区的积木共分为 7 大部分,从上到下依次是"控制"、"引脚"、"逻辑运算符"、"数学运算"、"变量常量"、"实用命令"、"教育机器人"7 个部分。

1．控　制

控制中的各积木都是一些最基本的编程语句,包括了主程序、条件执行、条件循环、退出循环、子程序等指令模块。各积木释义如表 10-1 所列。

表 10-1 控制各模块释义

序号	模块	释义
1	主程序 执行	程序中只允许有一个主程序,主程序可以调用子程序,但不能被子程序调用
2	程序 设定 循环	这里的程序也是主程序,但不同于上一个的是,这里的"设定"和"循环"相当于 IDE 中的 setup()和 loop()两个函数
3	如果 条件满足 执行	选择结构,如果条件满足……,那么执行……
4	如果/否则 条件满足 执行 否则执行	选择结构,如果条件满足……,那么执行……,否则执行……
5	当 条件满足 执行	循环结构,当条件满足……,那么执行……,直到条件不满足跳出循环
6	重复 变量 次数 执行	循环结构,可设定循环次数,然后执行……
7	退出循环	强制退出循环
8	子程序 执行	编写子程序
9	子程序	调用子程序

2. 引 脚

引脚中的各个积木是针对 Arduino 板的引脚(也称引脚)所设计的,主要是数字引脚和模拟引脚,也包括一些常见的使用,比如舵机、超声波等。引脚中各模块释义如表 10-2 所列。

表 10-2 引脚释义

序号	模块	释义
1	数字针脚 #	读取数字引脚值(取值为 0 或 1)
2	模拟针脚 #	读取模拟引脚值(取值 0~1 023)
3	设定针脚数字值 #	设定一般数字引脚值(0 或者 1)
4	设定针脚模拟值 #	设定支持 PWM 的数字引脚值(0~255),以 Nano 为例,支持 PWM 的数字引脚有 3、5、6、9、10、11
5	伺服 针脚# 角度	设定舵机(又称伺服电机)的引脚和角度,Arduino 中能够连接舵机的引脚只有 9 和 10
6	360度舵机 针脚# 角度	专门针对 360°舵机,设定其引脚和角度
7	超声波 trigger # echo #	设定超声波传感器的 trigger 和 echo 对应的引脚,trigger 为发射端,echo 是接收端
8	Dht11温度 针脚#	读取 Dht11 的温度值所对应的引脚
9	Dht11湿度 针脚#	读取 Dht11 的湿度值所对应的引脚
10	音 针脚# 频率	设定蜂鸣器的引脚和频率
11	音 针脚# 频率 毫秒	设定蜂鸣器的引脚、频率和持续时间
12	无音 针脚#	设定蜂鸣器为无声

3. 逻辑运算符

逻辑运算符主要包括常见的"且""或""非",还包括比较运算符,如数字值、模拟值和字符的各种比较。逻辑运算符中各模块(积木)释义如表 10-3 所列。

表 10-3 逻辑运算符释义

序 号	模 块	释 义
1	大于 / < / = / 大于等于 / ≤ / !=	模拟值和实数的比较,比较的两个值是模拟类型和实数类型,包括大于、小于、等于、大于等于、小于等于、不等于
2	= / !=	数字值的比较,比较的两个值是数字类型
3	= / !=	字符值的比较,比较的两个值是字符类型,包括等于、不等于
4	且	逻辑运算符,也称"与",上下两个语句都为"真"时,复合语句才为"真",否则为"假"
5	或者	逻辑运算符,也称"或",上下两个语句只要有一个为"真"时,复合语句就为"真",否则为"假"
6	非	逻辑运算符,也称"非",即如果原来为"假",结果为"真";如果原来为"真",结果为"假"
7	字符串相等	比较字符串是否相等,若相等为"真",比较的两个值是字符串类型
8	字符串为空	判断字符串是否为空

4. 数学运算

数学运算主要是 Arduino 中常用的基本运算,包括四则运算、三角函数、函数映射等。数学运算中各模块(积木)释义如表 10-4 所列。

表 10-4　数学运算释义

序号	模块	释义
1	＋ － × ÷	四则运算，包括加、减、乘、除，要求符号两边为模拟值
2	取模运算（取余）	取模运算，又称取余或求余，要求符号两边为模拟值
3	绝对值	求绝对值
4	乘幂　底数　指数	乘幂运算，又称乘方运算
5	平方根	求平方根
6	sin　cos　tan	三角函数，包括正弦、余弦、正切
7	随机数　最小值　最大值	求随机数，随机数位于"最小值"和"最大值"之间
8	映射　数值　从　到	映射，将数值（变量或常量）从一个范围映射到另一个范围

5. 变量/常量

变量/常量主要包括数字变量、模拟变量、字符变量、字符串变量以及它们对应的各种常量。变量/常量中各模块（积木）释义如表 10-5 所列。

表 10-5 常量/变量释义

序号	模块	释义
1		模拟变量
2		给模拟变量赋值
3		设定模拟变量(名),如果没有赋值,默认为 0
4		给数字变量赋值
5		设定数字变量(名),如果没有赋值,默认值为 false(0)
6		数字常量,高低电平值
7		数字常量,真假值
8		给实数变量赋值
9		设定实数变量(名),如果没有赋值,默认值为 0.0
10		实数常量,圆周率 π
11		给字符变量赋值
12		设定字符变量(名)
13		设定字符串变量(名)
14		字符串常量

6. 实用命令

实用命令是常用到的一些命令,包括延迟、串口监视器的操作、红外遥控的操作等。实用命令中各模块(积木)释义如表 10-6 所列。

表 10-6 实用命令释义

序号	模块	释义
1	延迟 毫秒	延迟函数,单位是 ms
2	微秒延迟 微秒	延迟函数,单位是 μs
3	上电运行时间	记录 Arduino 开发板上电后到现在运行了多少时间
4	读取串口	读串口值
5	串口打印加回车	通过串口打印并换行
6	和模拟量结合	将字符串和模拟量结合,即把模拟量转换为字符串形式
7	和数字量结合	将字符串和数字量结合,即把数字量转换为字符串形式
8	设置红外遥控接收端口	设定红外接收头的引脚
9	获取红外遥控指令	获取红外遥控的指令
10	写入I2C 设备地址 寄存器地址 数值	写入 I^2C,向指定设备、指定寄存器地址写入指定数值
11	读取I2C 设备地址 寄存器地址	读取 I^2C,从指定设备、指定寄存器地址读出数值
12	读取I2C是否正确	判断是否正确读取 I^2C

7. 教育机器人

教育机器人是 ArduBlock 的编者为自己的课程套件定制的一些拓展模块,如果没有使用这种板子,可以忽略。教育机器人中各模块(积木)释义如表 10-7 所列。

表 10 - 7 教育机器人模块

序号	模块	释义
1	Bluno打印	在 Bluno 显示屏上显示字符串
2	Bluno打印	在 Bluno 显示屏上显示数字
3	清除屏幕	清除屏幕
4	电机运行 M1 M2	设定电机运行速度和方向,取值范围为 -255~+255 之间
5	设置电机 M# Speed	设定某一电机的运行速度和方向,上面为电机编号 1 或 2,下面是速度和方向,取值范围为 -255~+255 之间
6	停止电机	停止所有运行的电机

10.2.3　编程区

编程区是程序编写的舞台,可以通过拖动右边和下边的滚动条来查看编程区。启动 ArduBlock 后,编程区会默认放入一个主程序模块,因为主程序有且只能有一个,所以不能再继续往里面添加主程序模块了,再拖进去的话下载程序的时候会提示"循环块重复"。另外,除子程序执行模块外,所有积木模块都必须放在主程序内部。当搭建积木编写程序时,要注意把具有相同缺口的积木模块搭在一起,成功时会发出"咔"的一声。我们还可以对积木模块进行克隆或添加注释语句,只要选中该模块,右击就可以实现对该模块的克隆和添加注释操作。其中,子程序执行模块还有另外一个功能就是创建引用,即单击之后会自动弹出调用该子程序的模块。

要删除某些积木怎么办呢？其实很简单,只要选择不需要的积木块,拖拽到积木区就不见了,相当于删掉了。

10.3　使用 ArduBlock 点亮 LED

10.3.1　电路图

Arduino Nano 开发板内部有 4 个指示灯,电路板上标志为 RX、TX、POW 及 L,

如图10-6所示。

其中，POW上电即亮，表示电源状态；当Arduino Nano开发板与PC机有数据交换时，RX和TX有闪烁；而L则是一个通用的指示灯，用户可使用。其电路参数如图10-7所示。

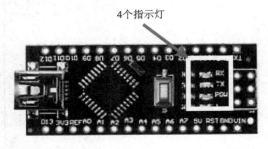

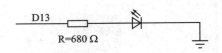

图10-6　Arduino Nano上的4个指示灯　　　　图10-7　通用L指示灯的内部电路

显然，该指示灯所接的电路为D13，当D13为逻辑高电平时，该灯亮；当D13为低电平时，该灯灭。

10.3.2　点亮一个开发板上的灯

首先进入图形化编程界面，步骤如下：

① 在积木区选择"控制"中的第一个积木"主程序 执行"，将它拖到编程区，如图10-8所示。

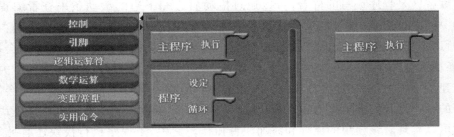

图10-8　选择第一个积木"主程序"

② 在积木区选择"引脚"中的"设定引脚数字值"，并把它与"主程序 执行"组合积木一样组合在一起，如图10-9所示。

图10-9　组合数字引脚

可以看出,"设定引脚数字值"的引脚初始值是 1,电平为 HIGH。显然,该引脚对应的端口值不是我们需要的,单击该数字,将其修改为 13,即对应的 D13 引脚,如图 10-10 所示。

图 10-10　修订引脚值

③ 从积木区选择"实用命令"中的"延迟 毫秒",并把它与"主程序"组合,将延时值修改为 500(默认值为 1 000),如图 10-11 所示。

图 10-11　修改延迟值为 500

④ 继续添加"设定引脚数字值",仍然选择为 13 脚,但电平修改为"低(数字)",如图 10-12 所示。

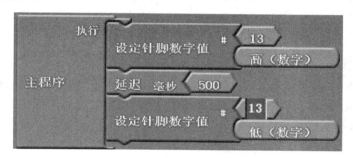

图 10-12　继续添加"设定引脚数字值"

⑤ 继续添加"延迟 毫秒"积木,并将延迟数字设定为"500",现在整个逻辑关系如图 10-13 所示。

⑥ 保存该设计,单击"保存"按钮,则弹出"保存"界面,修改该设计为 MyFirstBlock,或者其他名字,如"Dog"、"猪猪"等。注意,保存后的 Ardublock 程序文档为"＊.abp",如图 10-14 所示。

⑦ 把 Arduino Nano 开发板接在计算机上,并单击"上载到 Arduino"按钮,则弹出一个"项目文件夹另存为"界面。这是因为图形化编程语言需要先转换为代码,然后代码再转换为机器语言,单片机才能识别出这些指令。为该文件夹选择位置和名

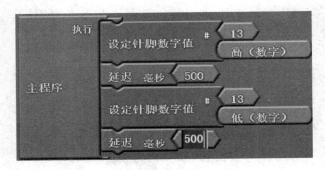

图 10-13 再次添加延迟 500 ms

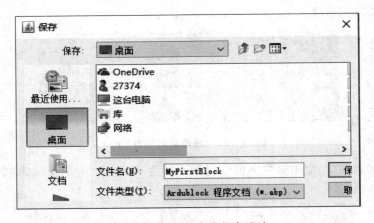

图 10-14 根据名字保存设计

字,如路径选择"桌面",名字为 111,然后确定。

可以看到,生成了一个_111 的文件,这恰巧就是刚才图形化工程的对应程序,如图 10-15 所示,同时可以看到程序已经成功上载,指示灯开始闪烁。

再看看其生成的程序:

```
void setup()
{
  pinMode( 13 , OUTPUT);
}
void loop()
{
  digitalWrite( 13 , HIGH );
  delay( 500 );
  digitalWrite( 13 , LOW );
  delay( 500 );
}
```

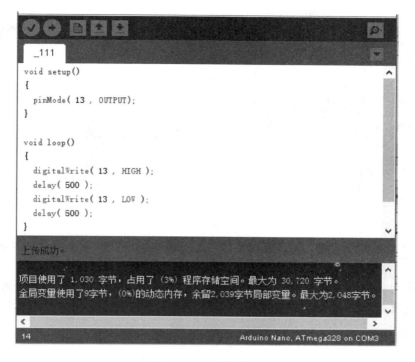

图 10-15 上载成功

可以看到,生成的程序很标准,包括了 setup()和 loop()两个程序:

在 setup()程序中,设置 13 脚为输出,但实际的图形化编程中并没有该步骤,这说明翻译器可以根据用户的意图添加需要设置的引脚。

在 loop()程序中,先把 13 脚置"HIGH",延时 500 ms,再把 13 脚置"LOW",再延时 500 ms,与图 10-13 中的积木编程意图是完全吻合的。

再看前面选择的路径"桌面"上多出了一个文件夹"_111",显然前面的这个"_"是程序自己添加的,打开该文件夹会发现有一个名为"_111.ino"的文件。

这样就完成了第一个图形化的例程,是不是很酷很简单?

如果想改变小灯闪烁的频率,可以更改延时中的"500",如 200,然后重新编译上载,则可以看到小灯闪烁速度明显快了。

10.4 通用检测

基于 Arduino Nano 的智能车有四轮车和三轮车两种,如图 10-16 所示。四轮车包括电机、舵机的控制;而三轮车不包括舵机的控制,只有电机的控制,其前端去掉舵机后,采用了一个全向轮的形式。

图 10-16 基于 Arduino 的四轮车和三轮车

本节要通过实验的方式实现对智能车部分功能的编程。在实验电机或舵机过程中，为了避免危险，可以将智能车底板垫高，这样在轮胎转动时不至于掉下桌面。或者在下载过程中将电源关闭，上电前用手托住车身，让电机或舵机处于空转状态。其他部分的实验保持智能车静置即可。

10.4.1 检测赛道信息

电磁场的检测是智能车寻迹的依据，因此首先要能读取赛道的信息。在赛道中间铺设一条直径为 0.1～1.0 mm 的漆包线，漆包线中通有 20 kHz、100 mA 的交变电流。频率范围(20±1)kHz，电流范围(100±20)mA，将智能车放到赛道上，通过读取赛道传感器可以感知智能车偏离赛道的情况。

1. 关于 4 个赛道传感器

智能车最前端有 4 个电感，电感中为线圈，当线圈周围有交变的电磁场时，就会在线圈中感应出交变的电压。电感距离赛道越近，感应信号强度越大，因此，此处的电感实际上是感应交变电磁场的感应器，将该电感与相关电路相结合，就构成了感应赛道远近的传感器。

图 10-17 为电路板反面图，从左到右分别是 L4、L3、L2、L1。注意，这个电路板是反面图，显然当其以左右对称的轴线旋转 180°，其正面看从左到右应该是 L1、L2、L3、L4。

图 10-17 4 个电感检测赛道信息(反面)

4 个电感传感器与 4 个 A/D 通道之间的对应关系如表 10-8 所列。

表 10-8 传感器及对应通道

序 号	传感器	通道名称	对应 Arduino Nano
1	L1	AD_IN1	A7
2	L2	AD_IN2	A6
3	L3	AD_IN3	A5
4	L4	AD_IN4	A4

2. 关于默认波特率

在 ArduBlock 的积木区编程模块中并没有设置波特率的积木模块,那么,基于 ArduBlock 的图形化编程中,如何实现与其他串口之间的通信呢?

实际上,为了简化图形化编程,系统给串口通信设置了默认波特率,即 9 600 bps。当调用串口通信的其他串口时,在初始化中会有初始化波特率的指令。这很容易理解,ArduBlock 本来就是给初学者用的,对串口进行适当的简化,可以让初学者尽快入门。

3. 通过 ArduBlock 来采集信息及通过串口显示

有以下步骤:

① 采集 4 个电感传感器所对应的模拟量,分别保存在 AD1、AD2、AD3、AD4 变量中;

② 将 4 路模拟量转化成字符量,从串口输出;

③ 延时 1 s。

然后将①~③步循环执行即可,其对应的图形化编程如图 10-18 所示。

4. 模拟通道赋值给相应变量

该程序中首先用到了"给模拟量赋值"积木,它有两个属性,一个是变量,一个是数值。该积木位于"变量/常量"积木群中,刚刚拖出来时,其内容如图 10-19 所示。

步骤①:单击 integer variable name,将该名称变为 AD1。

步骤②:选中"数值"所对应的"0"数值,先将该"0"数值左键选中,拖到积木区,即删掉该数值,也叫积木回收,如图 10-20 所示。

步骤③:选择"引脚"积木群中的"模拟引脚",并把其引脚改为 7,表明 A7 输入,如图 10-21 所示。

到此为止,将模拟引脚 A7 的值赋值给变量 AD1 的工作就做完了。依据同样的原则,将 A6 的值赋值给变量 AD2,将 A5 的值赋值给变量 AD3,将 A4 的值赋值给变量 AD4。

5. 变量通过串口输出

用到了"串口打印加回车"、"和模拟量结合"及变量本身,其中"和模拟量结合"积木可以实现把模拟量转化为字符的过程。

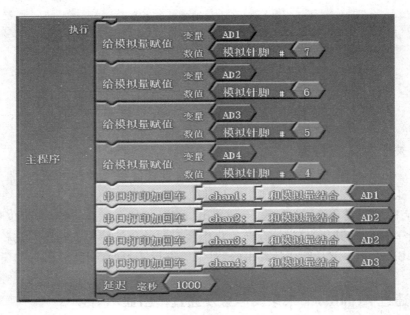

图 10-18　读取 4 路模拟量并送串口显示

图 10-19　积木——给模拟量赋值

图 10-20　将"0"数值拖到积木区

图 10-21　模拟引脚读入数值

"串口打印加回车"、"和模拟量结合"积木均位于"实用命令"积木群；变量积木上文已经涉及，位于"变量/常量"积木群。

先将"串口打印加回车"积木拖拽出来，可以看到，其后面带有"message"积木。这个"message"积木可以输入要从串口显示的内容，例如，"I come from OUC"，注意,这儿只能输入英文和半角字符(即 ASCII 码),而不能输入中文和全角字符,如图 10-22 所示。

图 10-22 改变串口显示字符

而此处要把变量 AD1~AD4 显示出来,而变量属于数字量,需要变成文本变量才可以送到串口显示,在此,需要将原来的"message"换为我们需要的信息"chan1:"。或者干脆先将"message"拖拽到积木区释放掉,再把"和模拟量结合"拖过来,然后将"模拟变量名"积木拖过来并根据规则安装好,改模拟变量名与前文的 AD1~AD4 对应。图 10-23 也是可以的。

图 10-23 改变模拟变量名

根据这种方法将 AD1~AD4 依次输出,注意,一定要让每个组合后的积木都集成到主程序中,这样就可以在主程序中循环了。

6. 关于积木评论和克隆

将鼠标移动到某一个模块,右击鼠标,如果从来没有给模块做过注释,则会看到两个选项,分别是"添加评论"和"克隆",如图 10-24 所示。

积木的评论和写程序时的注释是一样的,通过注释可以更好地了解编程时的想法,让人更容易看懂程序,积木的评论也有同样的目的。单击"添加评论"可以对积木添加评论,可以用中文,也可以用英文,如图 10-25 所示。

图 10-24 添加评论和克隆

图 10-25 对积木添加评论

如果已经对积木做过评论,则积木的左上角会有一个"?",单击"?"可以实现评论的显示和隐藏。在显示状态,可以对该条评论进行编辑。

在已有评论的积木上右击鼠标,则会看到两个选项"删除评论"和"克隆",如图 10-26 所示。如果选择"删

图 10-26 删除评论和克隆

除评论",则可以删除这条评论。

在这个例子中要采集4路模拟量,并且要把这4路模拟量通过串口方式输出。从图10-18可以看出,4路模拟量采集和4路模拟量输出都是很相似的,除了模拟输入口和变量不同,其他都相同。如果一条一条地从积木区拖出积木并进行组装当然可以,但是效率有些低。在这种情况下,可以采用积木克隆的方式来加快速度。

克隆(英语:Clone)在广义上是指利用生物技术由无性生殖产生与原个体有完全相同基因组织后代的过程。这儿的克隆就是复制的意思。

在某一积木上右击鼠标,在弹出的级联菜单中选择"克隆",则可以看到编程区的左上方出现了一个一模一样的模块,如图10-27所示,将这个模块的参数修改一下就可以用于积木堆建了,非常方便。

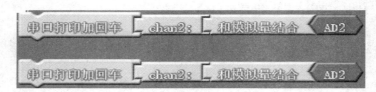

图10-27 克隆积木

上述的积木包括了4个部分,需要将鼠标单击到"串口打印加回车"处,才能将整个积木进行克隆。如果只想将"chan2:"后面的部分进行复制,则需要将鼠标移动到"chan2:"处选择"克隆",于是就会得到从"chan2:"到"AD2"部分的内容复制,如图10-28所示。

图10-28 只复制部分内容

如果只想复制其中的一部分,而且这部分还在积木的中间,例如,只想复制"chan2:"这个积木,应该如何进行呢?有两种方法,一种方法是根据上面的模式进行复制,然后把不需要的积木释放到积木区即可,即删除不需要的积木;另一种方法是把积木拆开,单独克隆即可,如图10-29所示。

图10-29 拆开后单独克隆

7. 延时积木

延时积木包括延时毫秒积木和延时微秒积木,均位于"实用命令"积木群。将延时毫秒积木拖出,如图 10 - 30 所示,可以看到,该延时毫秒积木的默认值为 1 000,可以修改该参数为需要的时间,注意,以 ms 为单位,从而达到延时效果。

图 10 - 30　延时毫秒

8. 上载到 Arduino

全部内容编辑完毕,在工具区选择"上载到 Arduino",则会弹出一些窗口,提示你保存相关文档,然后就会看到程序编译下载到 Arduino 中,此时的 IDE 中会出现编译后的程序。与图 10 - 18 对应的程序如下:

```
int _ABVAR_1_AD1 = 0 ;
int _ABVAR_2_AD2 = 0 ;
int _ABVAR_3_AD3 = 0 ;
int _ABVAR_4_AD4 = 0 ;
void setup()
{
  Serial.begin(9600);
}
void loop()
{
  _ABVAR_1_AD1 = analogRead(7) ;
  _ABVAR_2_AD2 = analogRead(6) ;
  _ABVAR_3_AD3 = analogRead(5) ;
  _ABVAR_4_AD4 = analogRead(4) ;
  Serial.print("chan1:");
  Serial.print(_ABVAR_1_AD1);
  Serial.println();
  Serial.print("chan2:");
  Serial.print(_ABVAR_2_AD2);
  Serial.println();
  Serial.print("chan3:");
  Serial.print(_ABVAR_2_AD2);
  Serial.println();
  Serial.print("chan4:");
  Serial.print(_ABVAR_3_AD3);
  Serial.println();
  delay( 1000 );
}
```

第1部分:全局变量的定义

```
int _ABVAR_1_AD1 = 0 ;
int _ABVAR_2_AD2 = 0 ;
int _ABVAR_3_AD3 = 0 ;
int _ABVAR_4_AD4 = 0 ;
```

这4个变量对应着ArduBlock文件中的AD1、AD2、AD3和AD4,由于它们定义在所有的子程序外,所以它们是全局变量,可以用于所有的子程序中。

第2部分:setup()子程序

```
void setup()
{
  Serial.begin(9600);
}
```

这一部分只定义了串口波特率的初始化,但这一部分在ArduBlock中是没有积木对应的,这说明ArduBlock简化了串口的使用,只用默认的波特率,这在绝大多数情况下都是够用的。

只要是积木中用到了串口的相关模块,当选择"上载到Arduino"时,都会在setup()中补上串口波特率的初始化,并将波特率设置为9 600 bps。

第3部分:loop()子程序

```
void loop()
{
  _ABVAR_1_AD1 = analogRead(7) ;      //A7的值读取后送变量AD1
  _ABVAR_2_AD2 = analogRead(6) ;      //A6的值读取后送变量AD2
  _ABVAR_3_AD3 = analogRead(5) ;      //A5的值读取后送变量AD3
  _ABVAR_4_AD4 = analogRead(4) ;      //A4的值读取后送变量AD4
  Serial.print("chan1:");             //串口输出字符串"chan1:"
  Serial.print(_ABVAR_1_AD1);         //串口输出变量AD1
  Serial.println();                   //串口输出回车换行符
  Serial.print("chan2:");             //串口输出字符串"chan2:"
  Serial.print(_ABVAR_2_AD2);         //串口输出变量AD2
  Serial.println();                   //串口输出回车换行符
  Serial.print("chan3:");             //串口输出字符串"chan3:"
  Serial.print(_ABVAR_2_AD2);         //串口输出变量AD3
  Serial.println();                   //串口输出回车换行符
  Serial.print("chan4:");             //串口输出字符串"chan4:"
  Serial.print(_ABVAR_3_AD3);         //串口输出变量AD4
  Serial.println();                   //串口输出回车换行符
  delay( 1000 );                      //延时1 000 ms
}
```

可以看出,其程序顺序和ArduBlock中的积木搭建顺序是一样的,两者具有一一对应的关系。

9. 通过串口看数据

程序上载到 Arduino 后,可以通过串口监视器来观察程序的运行情况。图 10－31 右上方的工具栏中有"串口监视器",单击即可。

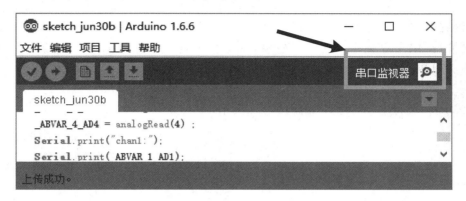

图 10－31 打开串口监视器

打开"串口监视器"后就会看到,每隔 1 s,4 个模拟口的数据就会通过串口输出,当输入模拟端口的数值发生改变,这 4 个数据也会相应的发生变化,如图 10－32 所示。

图 10－32 串口监视器的数据

可以通过设置"自动滚屏",让屏幕上显示最新收到的数据,屏幕自动刷新。如果要看某一个固定数据,可以不选"自动滚屏",则可以对当前窗口中的数据进行研究。

图 10-32 右下角还有两个可选项,一个是"没有结束符",另一个是"9 600 波特率"。

单击"没有结束符"可以看出,其下拉菜单中有 4 个选项,如图 10-33 所示,分别是"没有结束符"、"换行符"、"回车"、"NL 和 CR",这是针对"发送"数据添加后缀,例如,"换行(NL)"、"回车(CR)"以及"换行+回车(NL+CR)"。如果仅仅接收数据可以不必理会该选项。

单击"9600 波特率"可以看出,其下拉菜单中有很多选型,从"300 波特率",一直到"250000 波特率"均可选,如图 10-34 所示。

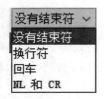

图 10-33　在发送的数据中添加后缀

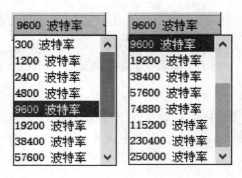

图 10-34　波特率选择

需要说明的是:由于 ArduBlock 程序的默认波特率也是 9 600 波特率,此处如果随意修改波特率,就会收到错误的数据,保持为"9600 波特率"即可。由于串口监视器不仅用于 ArduBlock 的程序,也用于其他 Arduino 程序中,在这些程序中可能会有不同的波特率,因此波特率的可选性增加了串口的灵活性和适用性。

10.4.2　驱动电机

电机是智能车最重要的运动机构,电机可以正转,也可以反转。当两个电机运行速度相同时,可以实现直线前进和后退;当两个电机运行速度不一致时,可以实现辅助拐弯(拐弯的主要机构是舵机,但两个电机实现差速可加快拐弯进程)。

1. 关于两个电机对应的接口

Arduino 能输出的 PWM 有限,因此我们希望只使用两个 PWM 来调节两个电机的正、反转和速度。用一个 PWM 加一个普通 I/O 的高低来控制一个电机的速度和正反转。其对应关系如表 10-9 所列。

如何理解上述对应关系呢?举例说明:

如果要让智能车前进,需要 D4=0 且 D7=0,D5 和 D6 输出同一个值,如 150,则智能车从理论上讲可以沿直线以一定的速度前进;如果要让智能车后退,需要 D4=1 且 D7=1,其他参数不变,则智能车从理论上讲可以沿直线以一定的速度后退。

表 10-9 电机与控制引脚

电机号	引脚号	对应电路	作用	取值范围	最大值
左电机	D4	DIRA	方向	0 或者 1	0=正转,1=反转
	D5	PWMA	速度	0~255	速度从 0 到 255
右电机	D6	PWMB	速度	0~255	速度从 0 到 255
	D7	DIRB	方向	0 或者 1	0=正转,1=反转

那么,如果 D4 和 D7 一个是 0,另一个是 1,其他参数不变,那会发生什么现象呢?配合舵机的动作,就会实现左转和右转,甚至可以实现原地打转,让智能车做出一些舞蹈性的动作。当然,如果两个电机同向转动但转速不同,则也可以实现左转和右转,只不过转动的幅度不同而已,多用于赛道中的转弯。

2. 电机前进驱动

电机驱动用到的模块有"设定引脚数字值"和"设定引脚模拟值",下面就通过积木编程实现电机的驱动。

其基本思路为:

第一步,设置一个变量值 TURN,给该变量赋值一个不大于 100 的数值,如 50;

第二步,设置电机正转,即 D4=0 并且 D7=0;

第三步,给控制电机转速的 PWM 管家赋值,0~255 之间,如 200。

至于为何叫变量名字为"TURN",这个可以根据读者的喜好而定,最好从名字能看出在程序中的作用,这个单词是与转弯相关的,所以叫"TURN",向左转叫"Turn Left",向右转叫"Turn Right"。也可以自己命名,只要是英文字母和数字、符号的组合就可以。其总体积木组合如图 10-35 所示。

3. 带有设定的主程序积木

前面曾经提到主程序有两种,其中一种是带有"设定"的主程序,包括"设定"和"循环"两个入口,这里的"设定"和"循环"相当于 IDE 中的 setup() 和 loop() 两个函数。

在"控制"积木组中,选择"程序 设定 循环"积木,可以看到,其包括两个选项,下面就把这两个选项填上内容。

在"变量/常量"积木组中,选择"给模拟量赋值"积木,并把它和"设定"选项绑定到一起,并把变量名改为"TURN",将数值改变为"50",如图 10-36 所示。

在"引脚"积木组中,选择"设定引脚数字值",由于方向是 D4、D7 来控制的,所以要是让车正跑的话,就让这两个引脚都设置为 LOW,即逻辑"0"(又叫逻辑低)。将它们与"循环"选项组合在一起,如图 10-37 所示。

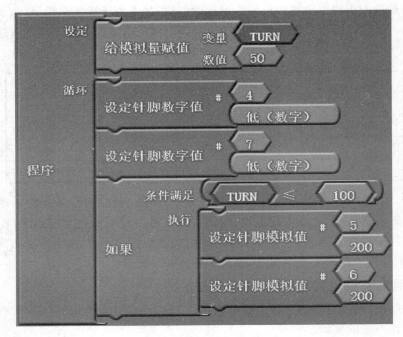

图 10-35 驱动电机运动的积木图

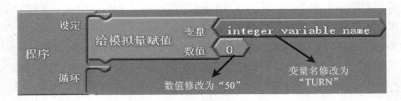

图 10-36 设定选项与名称修改

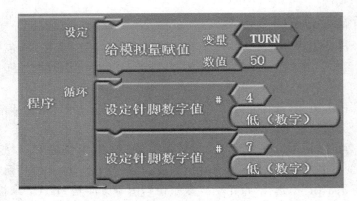

图 10-37 在主程序中添加方向控制数字引脚

4. 条件执行

所谓条件执行,就是满足某一条件时才执行相应的功能。对于智能车而言,可能会用到如下的一些判断:

> 当智能车在中间位置,那么应该加速前进,不偏不倚;
> 当智能车偏左时,智能车应该向右打轮,左边车轮速度应该大于右边车轮速度;
> 当智能车偏右时,智能车应该向左打轮,右边车轮速度应该大于左边车轮速度。

用一个变量 TURN 来表示智能车偏离中间线的距离时,就形成了以 TURN 为条件的电机控制逻辑。如果 TURN 位于 80~100 之间,则左电机和右电机输出 200 的 PWM,控制智能车前行。可以分为两个条件,即 TURN≥80 和 TURN≤100,这里先以 TURN≤100 为例进行步骤讲解,以下是其具体操作过程:

第一步,从"控制"积木组中选取"如果 条件满足 执行"积木,它具有"条件满足"和"执行"两个选项。

第二步,从"逻辑运算符"积木组中,选取模拟值与实数的比较积木,并把它安装在"条件满足"选项中,可以看出,该积木的前后两项是空的,需要把它们添加上需要的内容,如图 10-38 所示。

图 10-38 添加比较条件

第三步,从"变量/常量"积木组中,选取"模拟变量名"和"模拟量",分别安装在对应空框内,如图 10-39 所示。

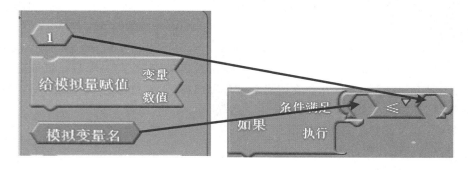

图 10-39 选取模拟变量和模拟量

第四步,修改"模拟变量名"为"TURN",修改"模拟量"值为"100",这样就完成了条件的设置。实际上,这个模拟量比较的积木包含了很多选项,单击其上面的倒三角形可以看到,其选项包括了"≤"、"大于"、"<"、"=="、"大于等于"、"!="这 6 个选项,可以根据需要选用,如图 10-40 所示。

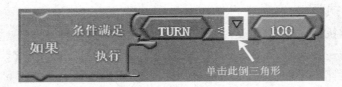

图 10-40　比较符的选用

第五步,输出象征 PWM 大小的模拟量。在"引脚"积木组中,选择"设置引脚模拟值"积木,将其组合到"执行"选项中,并将引脚♯设置为 5,将默认输出值"255"改为"200";另外一个引脚也同样设置,如图 10-41 所示。

图 10-41　设置引脚模拟值

5．组合与源代码

将"条件执行"模块和主程序循环连接在一起,构成如图 10-42 所示的积木组合。需要说明的一点是:由于在主程序的"设定"选项中设定了 TURN=50,那么 TURN≤100 肯定成立,所以如果上述程序下载到小车的控制器中,小车肯定会运转的,事实确实如此。

单击"上载到 Arduino",则软件开始翻译,从图形文档生成 Arduino 的程序文档,然后再编译和下载,并在 IDE 软件下显示"上传成功"。此时如果智能车电源打开,且电量充足,两个车轮就会旋转起来,如果此时将车放到地上,会看到车在往一个方向跑,即便撞到了墙壁电机也不会停止运转。

显然,此时的智能车虽然具备了运动功能,但还没有智能的特性。

上载后的源代码如下:

```
int _ABVAR_1_TURN = 0 ;              //设置变量 TURN
void setup()                         //setup()只运行一次
{
  pinMode( 5, OUTPUT);               //设置 D4、D5、D6、D7 为输出
  pinMode( 6, OUTPUT);
  pinMode( 4 , OUTPUT);
```

Arduino 的图形化编程

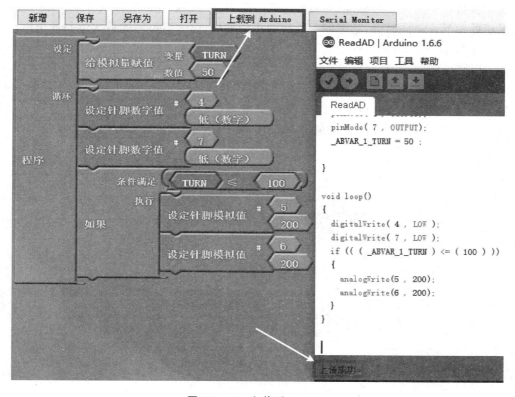

图 10-42　上载到 Arduino

```
  pinMode( 7 , OUTPUT);
  _ABVAR_1_TURN = 50 ;              //变量 TURN 被赋值 50
}
void loop()                         //loop()循环运行
{
  digitalWrite( 4 , HIGH );         //D4 置为 HIGH,左舵机正转
  digitalWrite( 7 , HIGH );         //D7 置为 HIGH,右舵机正转
  if ((( _ABVAR_1_TURN )< = (100) )) //判断 TURN 是否小于 100
  {
    analogWrite(5 , 200);           //D5 输出占空比为 200/255 的脉冲波
    analogWrite(6 , 200);           //D6 输出占空比为 200/255 的脉冲波
  }
}
```

10.4.3　驱动舵机

1. 数字舵机及接口

前文讲过,舵机是智能车的转向机构,当舵机接收到一个小于 1.5 ms 的脉冲时,

·199·

输出轴会以中间位置为标准,逆时针旋转一定角度。接收到的脉冲大于 1.5 ms 时情况正好相反。不同品牌,甚至同一品牌的不同舵机,都会有不同的最大值和最小值。

在基于 Arduino Nano 的智能车中,舵机是 D12 引脚控制的,其控制电路如图 10-43 所示。

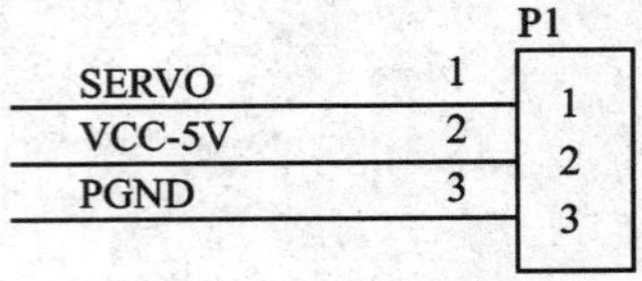

对于初学者来说,输出 1.5 ms 是很难控制的一个值,于是 ArduBlock 对舵机进行了封装,我们可以直接以角度来控制舵机的输出。观察一个半圆板,如图 10-44 所示。

图 10-43 舵机接口

图 10-44 半圆板 90°代表正前方

通过半圆板可以看出,其最外缘的刻度中,最左端为 0,最右端为 180,而中间就是 90。同这个半圆板相似,当对 ArduBlock 中的舵机积木写入 90 时,就代表直行;若小于 90,就代表左转;若大于 90,就代表右转。

但是,在进行舵机组装时,并不是上述条件总会满足,因为每个人组装的都会有误差。但是,如果组装前先对舵机输出 90,则舵机自然就会旋转到合适的位置并停在这儿,就让此时舵机对应着前车轮的正方向,然后再上紧螺丝等紧固件,就可以保证输出 90 时,电机处于正方向上,从而简化后续的程序调试。

2. 舵机控制

对舵机的控制比较简单,我们来做一个舵机控制的实例。流程如下:

① 中间位置(90),保持 2 s;
② 左边位置(80),保持 2 s;
③ 中间位置(90),保持 2 s;
④ 右边位置(100),保持 2 s。

流程①~④重复执行,则会看到舵机带动两个前轮左右摆动。其积木组合方式如图 10-45 所示,该组合除了舵机模块(位于"引脚"积木群)外,其他模块均已经用过了。

Arduino 的图形化编程

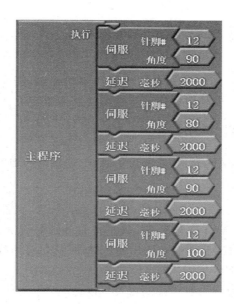

图 10－45　舵机控制

3. 上载与程序分析

将工程上载到 Arduino 后，可以对翻译成的程序进行分析。

```
#include <Servo.h>              //调用了 Servo.h 库函数
Servo servo_pin_12;             //定义 servo_pin_12 为 Servo 类型
void setup()
{
    servo_pin_12.attach(12);    //将舵机控制引脚设置为 12
}
void loop()
{
    servo_pin_12.write( 90 );   //设置舵机角度为 90°
    delay( 2000 );              //延时 2 s
    servo_pin_12.write( 80 );   //设置舵机角度为 80°
    delay( 2000 );              //延时 2 s
    servo_pin_12.write( 90 );   //设置舵机角度为 90°
    delay( 2000 );              //延时 2 s
    servo_pin_12.write( 100 );  //设置舵机角度为 100°
    delay( 2000 );              //延时 2 s
}
```

程序运行的结果就是"左-中-右-中"循环摆动，从其左右摆动的幅度可以看到舵机安装是否正确，一般情况下，两边摆动的幅度应该大体相同。

10.5　四轮车整车程序

10.4节讲述了检测赛道信息、驱动电机和驱动舵机,实际上把上述3个小程序通过一定的方式连接起来,就可以实现智能车的总体运转了。

10.5.1　编程思路

编程过程可以简单描述为:读取赛道信息,根据偏离赛道的程度来驱动舵机和电机的运动。

1. 赛道信息

能感应赛道信息的有4个传感器,从左到右分别对应A7(AD_IN1)、A6(AD_IN2)、A5(AD_IN3)、A4(AD_IN4),所用的传感器越多,有用的信息也就越多。

为了简化控制,本例中只用A7(AD_IN1)和A4(AD_IN4)来做基本判断,虽然不如4个的信息全面,但作为基本控制也是可以的。

2. 舵机控制

舵机控制是受赛道信息影响的,其基本思路是将(A4-A1)作为判断的依据,若智能车位于赛道中间,则(A4-A1)的值接近为0,这个差值的绝对值越大,代表智能车偏离赛道中间位置越多。

由于模拟赛道读取的值位于0~1 023,那么(A4-A1)的值就位于(-1 023~+1 023)之间,但实际上却没有这么大。可以将智能车的传感器1放置在赛道最中间的上方,则传感器4距离赛道较远时,记录下两个传感器的值;再将智能车的传感器4放置在赛道最中间的上方,记录下两个传感器的值。取这两个差值绝对值的最大值,假设其为MAX,将这个值与90相比较,取一个参数(MAX/90),则((A4-A1)/(MAX/90))的值位于-90~90之间,那么如果这个值再加上90就会变成正数,在0~180之间。

根据10.4.3小节的介绍,经过调整,可以让90恰好对应着舵机正前方,这样0~180就和舵机的内容对应起来了,这就是变量TURN的含义。但在进行舵机控制的时候,一般不会用到极值,否则舵机容易被卡住,所以要对舵机控制值进行限制,如限制在50~130之间,这样舵机不容易卡住,对于控制智能车运动来说也已经足够了。

3. 电机控制

电机控制实际上与舵机控制相关,简单一点说,可以总结为:直道时高速,有利于提升智能车整体速度;弯道时降速且差速,有利于拐弯。

在智能车控制上有一个误区,有人认为只要偏离中间车道就需要调整,以至于车在中间位置歪来歪去,不断调整,从而导致车速过慢。是不是只要偏离就需要调整呢?不一定!你看高速公路都是多车道的,没有规定必须在中间车道行驶啊!但行驶范围超出了高速路肯定是不行的。所以从控制策略上讲,在超出中间位置一定范围内仍然可以考虑直道行驶,只有偏离较大时才需要调整,这样才能使平均车速较快。

在驱动舵机一节中,90对应的位置为中间位置,那么可以规定(90±10)就是我们认可的中间位置允许范围,超出这个范围需要调节,在此范围之内直行即可,这样就把舵机控制和电机控制联系了起来。这和司机驾驶车辆是一致的:方向盘的转动是和路况、加减油门、刹车等动作联系在一起的。

10.5.2 整体程序

和前述的积木搭建一致,我们来搭建整车的积木组合。根据上述的编程思路,四轮车的积木组合如图10-46所示。

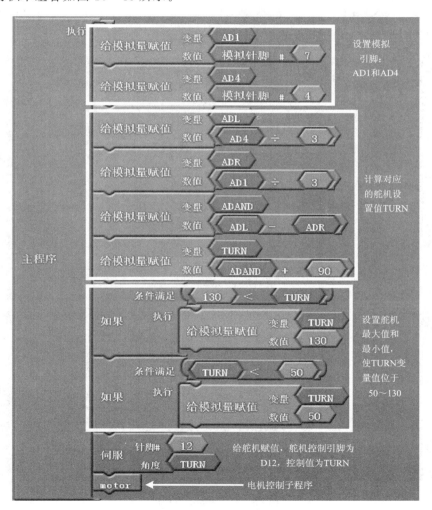

图10-46 四轮车整体程序

图中已经对程序给出了比较详细的解释,结合前一节的编程思路,整体程序比较容易理解。在最后的箭头处为一个"motor"子程序,即电机控制子程序。因为电机的控制逻辑比较复杂,所以就用了一个子程序来表示。

10.5.3 motor 子程序

如果一个功能模块相对独立,而且内容较多,往往会做成一个子程序的形式,这样整体程序会显得比较整洁,功能条理性也比较好。

首先,打开"控制"积木组,最下面有一个"子程序"的积木模块,将其拖到编程区,单击更改名字为"motor",这是为了跟后面的子程序名字相对应。

同样,在"控制"积木组中,有一个"子程序 执行"的积木模块,将其拖拽到编程区,并修改名字为"motor 执行"。注意,和"motor"一定要一致,包括大小写在内。将需要控制的积木根据需要添加,形成的 motor 子程序如图 10-47 所示。

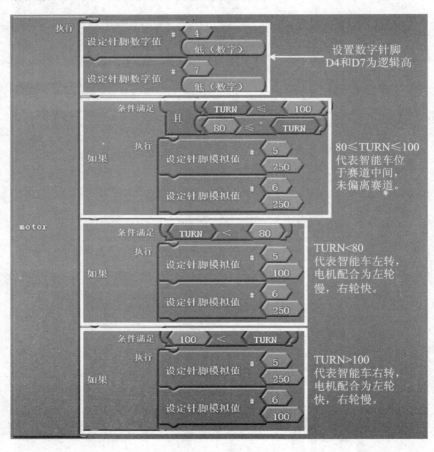

图 10-47 motor 子程序

以下根据图 10-47 中的四大部分依次讲解。

1. 设置方向控制引脚

前文讲过,D4 和 D7 控制电机的正转和反转。所谓的正转和反转是根据智能车运转的方向而定的。若车前进,则车轮为正转;若车后退,则车轮为反转。D4 和 D7 同时为负逻辑,说明车轮都是正转。

2. 赛车位于中间位置

如果 80≤TURN≤100,说明智能车未偏离中间赛道,智能车不需要差速转弯,因此左右电机速度一致,且较高(均赋值为 250)。

这里用到了一个"且"的积木,位于"逻辑运算符"积木群中,熟练运行这些逻辑积木对于构筑比较复杂的逻辑非常重要。

3. 赛车左转弯

如果 TURN＜80,说明赛车舵机向左打,即左转弯,需要差速,左轮慢(100),右轮快(250)。此时的舵机肯定是往左打的,需要左右轮形成差速,辅助转弯。

4. 赛车右转弯

如果 TURN＞100,说明赛车舵机向右打,即右拐弯,需要差速,左轮快(250),右轮慢(100)。此时的舵机肯定是往右打的,需要左右轮形成差速,辅助转弯。

10.6 三轮车整车程序

10.6.1 编程思路

赛道检测:三轮车的路径检测与四轮车相同,都是通过读取 4 个赛道传感器来确定的,从左到右分别对应 A7(AD_IN1)、A6(AD_IN2)、A5(AD_IN3)、A4(AD_IN4),所用的传感器越多,有用的信息也就越多。

为了展示更多的处理方法,本次采用了上述 4 个传感器的值:先计算左边两个传感器值的和(sensor1+sensor2),再计算右边两个传感器值的和(sensor3+sensor4),然后用两者的差值来做偏离赛道的依据,在整体思路部分会详细介绍。

电机控制:三轮车的控制较简单,因为三轮车没有了舵机的控制,而是改为一个全向轮,完全靠两个轮子的差速来实现转弯动作,所以不论是前进、后退还是拐弯,三轮车都是靠两个电机轮子的转速来完成的。

直线前进:两个轮子速度相同,且都向前转动,带动三轮车直线前进;

直线后退:两个轮子速度相同,且都向后转动,带动三轮车直线后退;

前左拐弯:右轮速度大于左轮速度,且都向前转动,带动三轮车向左前拐弯;

前右拐弯:左轮速度大于右轮速度,且都向前转动,带动三轮车向右前拐弯;

后左拐弯:右轮速度大于左轮速度,且都向后转动,带动三轮车向左后转弯;

后右拐弯:左轮速度大于右轮速度,且都向后转动,带动三轮车向右后拐弯;

原地左转:两个轮子速度相同,左轮后转,右轮前转,带动三轮车原地左转;

原地右转:两个轮子速度相同,左轮前转,右轮后转,带动三轮车原地右转。

在上述运动基础上可以变出更多的花样,实现更多的动作。例如,"原地左转"这个动作,如果两个轮子的速度不一致,会实现什么样的运动呢?读者可以想一想,并试一试效果!再比如"前左拐弯"这个动作,虽然都是右轮速度大于左轮速度,但到底大多少合适?"大的程度"实际决定了转弯的力度。

因此,利用智能车的这些动作特征就可以玩出很多花样!如果让多个三轮车组队配合,再配以音乐,甚至可以让智能车实现"花样表演",具有很强的可观赏性。

整体编程思路:

设定速度:寻轨迹智能车的最终目的是提高速度和稳定性,即在平稳运行的前提下,在经过设定的跑道时,所用的时间最短,也就是速度最快才是优胜者。

三轮车的速度,映射到智能车的电机上就是 PWM 值 speed,其范围为 0~255,最大满占空比值为 255,这也就是最快的速度。该值可以在实验的基础上给定,一开始不要太大,太大不容易控制。先设定一个较小的值,先熟悉程序中每个参数和步骤的意义,然后在此基础上慢慢增加速度,在速度和稳定之间寻找平衡。

驱动电机的 speed 值可以理解为两轮电机的平均速度,过弯道时在此基础上调节电机的加减速,可实现左拐弯和右拐弯,以及拐弯的力度。

偏离赛道:计算左边两个赛道传感器值(sensor1 和 sensor2)的和,以及右边两个赛道传感器值(sensor3 和 sensor4)的和,并用两者的差值 deviation 作为比例调节的基础。

deviation=(sensor1+sensor2)-(sensor3+sensor4)

其中,sensor1 对应 A7(AD_IN1),

sensor2 对应 A6(AD_IN2),

sensor3 对应 A5(AD_IN3),

sensor4 对应 A4(AD_IN4)。

这很容易理解,如果赛车居于中间位置,不偏不倚,那么 deviation 应该接近为 0,因为(sensor1+sensor2)的值与(sensor3+sensor4)的值基本相同。

比例调节:deviation 是偏差值,相当于误差原始值,利用这个误差原始值再乘以某一个系数 k_p,作为两个轮子的加减值的大小,就是比例调节值 result。

如果感觉智能车拐弯的力度不足,说明 k_p 值小了,可以适当调大一点;如果智能车在直道上扭来扭去,反复在赛道中线附近左右调节,那么说明这个 k_p 值大了,可以适当调小一点。这样反复调节,直到找个一个合适的值可以同时兼顾直道和弯道情况为止。

左轮速度和右轮速度:左轮速度和右轮速度决定了三轮车的运动,而驱动两轮运动的动力机构是电机,所以单片机控制电机的值就决定了速度值,从而决定了智能车是直行还是转弯。

以设定的 speed 为基础,来计算左右轮的速度。

令左轮速度:motor1Speed＝speed－result;

令右轮速度:motor2Speed＝speed＋result。

这样计算有道理吗?我们分几种情况说明:

直行情况:如果智能车位于正中间位置,未偏离正常行驶路径,如图 10 - 48 所示。

由于 deviation 接近为 0,result 是由 deviation 乘以比例系数 k_p 而得到,显然 result 也接近为 0,那么 motor1Speed 和 motor2Speed 基本相同,智能车处于直行状态。

左前拐弯:如果智能车处于拐弯处,而且是左弯,如图 10 - 49 所示,应该向左转弯。

图 10 - 48　小车处于中间位置

图 10 - 49　向左转弯

此时,显然左边的两个传感器距离赛道较近,(sensor1＋sensor2)值比较大;右边的两个传感器距离赛道较远,(sensor3＋sensor4)值较小。由 deviation 的定义可知,deviation 和 result 都是正值,所以 motor1Speed＜motor2Speed,即左轮慢,右轮快,所以小车会左拐。

右前拐弯:如果智能车处于拐弯处,而且是右弯,如图 10 - 50 所示,应该向右转弯。

此时,显然右边的两个传感器距离赛道较近,(sensor3＋sensor4)值比较大;右边

图 10-50 向右转弯

的两个传感器距离赛道较远,(senso1+sensor1)值较小。由 deviation 的定义可知,deviation 和 result 都是负值,所以 motor1Speed>motor2Speed,即左轮快,右轮慢,所以小车会右拐。

10.6.2 整体程序

和前述的积木搭建一样,我们来搭建三轮车的控制程序。根据上述的编程思路,三轮车的积木组合如图 10-51 所示。

此主程序包括设定和循环两部分,整体编程思路解释如下:

1. 设 定

设定只运行一次,在设定中做了 3 件事:

① 设定数字引脚 4 和数字引脚 7 为逻辑低电平,表示车往前跑;

② 设置 speed 为 80,此值是可变的,介于 0～255 均可,前文有解释;

③ 设置 loopCount 为 0,这是循环输出的判断条件,在 sirialOutput 子程序中使用;

④ 设置 k_p 为 1.2,这是比例调节参数。

2. 循 环

循环是属于循环不断运行的,包含如下内容:

① 子程序 diviationCal:完成偏差计算;

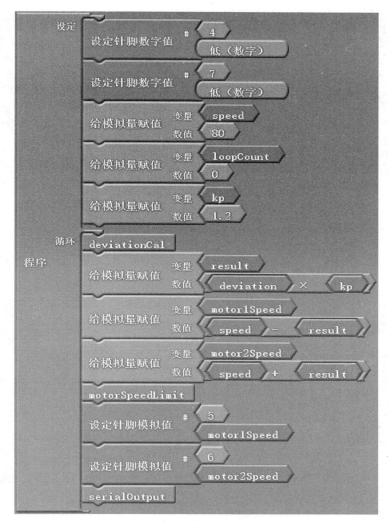

图 10-51 三轮车整车主程序

② 将偏差值乘以比例参数 k_p 后送 result；

③ 计算左轮速度 motor1Speed 和右轮速度 motor2Speed；

④ 子程序 motorSpeedLimit：完成极限值判断，使其值位于 0～255 之间；

⑤ 计算出的 motor1Speed 和 motor2Speed 分别送相应的电机驱动引脚 5 和引脚 6；

⑥ 子程序 serialOutput：串口输出。

10.6.3 子程序 diviationCal

子程序 diviationCal 完成偏差计算，功能比较简单，一目了然，如图 10-52 所示。

图 10-52 子程序 diviationCal

10.6.4 子程序 motorSpeedLimit

该子函数完成极限值判断，使其值位于 0~255 之间，如图 10-53 所示。

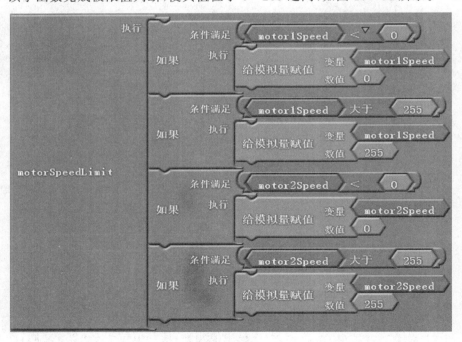

图 10-53 子程序 motorSpeedLimit

10.6.5 子程序 serialOutput

该子函数功能为串口输出，如图 10-54 所示。首先让 loopCount+1，然后判断 loopCount 是否达到了 2 000，如果达到了 2000，首先将 loopCount 清零，然后通过串口输出 sensor1、sensor2、sensor3、sensor4、result、motor1Speed、motor2Speed 值。

输出上述值的目的是了解这些值的大小,并计算出左右轮的大小,以验证算法的正确性,也为后续的程序调试提供依据。

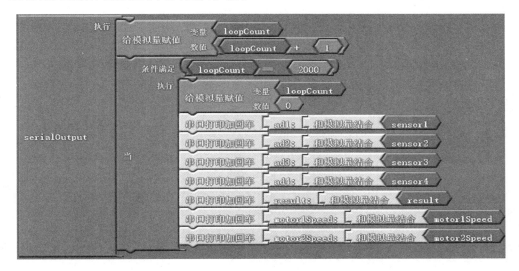

图 10 - 54 子程序 serialOutput

10.6.6 让车跑得更稳

虽然在"PID 调节"一讲中,对 PID 参数的作用及调试原理做了比较详细的讲解,但考虑到使用积木进行编程的大多是非专业人员或中小学生,理解有困难。故在本讲中将 PID 调节原理及相关调试策略进行简化,以期在实际调试过程中起到参考作用。

根据上述思路可以将智能车跑起来,通过调节参数也可以让车跑得更好一些。但初学者可能会发现,有些参数适应了直道,过弯道时容易出问题;适用了弯道,直道也容易出问题,总是处于两难的境地,即便勉强调试好了一个参数,一旦速度提升了,可能又不适应了。智能车涉及的方面较多,例如,两个电机虽然型号相同,但特性不一定相同;再譬如,转动轴安装好以后,两边的摩擦力也不一定相同;再譬如,跑道与跑道也不相同,首先是摩擦力不相同,再就是赛道元素也不一定相同,所以在 A 跑道上跑得很好的车,在 B 跑道上可能表现并不如意。凡上述种种,都会给智能车调试带来困难。

下面介绍几个对策:

1. 分段调试

常常会发生这种现象:设定一个参数不能够平衡直道和弯道。如果智能车在弯道好用,但在走直道时往往会扭来扭去,这说明 P 参数 k_p 大了;如果将 P 参数 k_p 改小,但过弯时又过不去了。这就陷入了两难的境地。怎么办呢?分段调试可能会解决这个问题。

什么是分段调试呢？就是根据误差大小，设定不同的 k_p。上述的总体程序中，曾经设定 k_p 为 1.2，这个值是可以变化的。例如，可以根据 deviation 的大小来决定 k_p 的大小，将 result 的计算变为一个子函数 resultCal，如图 10-55 所示。

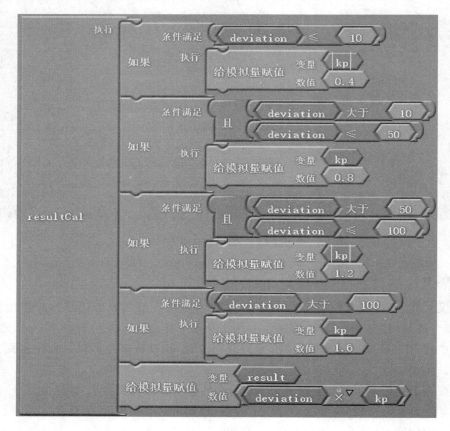

图 10-55　子函数 resultCal

显然，在子函数 resultCal 中，根据 deviation 的不同，分为了 4 个不同的区间，分别是：

> deviation≤10，k_p=0.4；
> 10＜deviation≤50，k_p=0.8；
> 50＜deviation≤100，k_p=1.2；
> deviation＞100，k_p=1.6。

当然，参数 0.4、0.8、1.2、1.6 并不一定适合每一个智能车，此处只是一个示例而已，读者应该根据自己调试的前期结果来进行参数的选择。例如，不仅仅根据误差大小，还可以根据当前速度来进行分段从而确定各参数。

经过分段后，在不同的误差下可以有不同的参数，能够同时兼顾弯道和直道、高速和低速等诸多因素,从而让自己的小车跑得更稳。

2. 加入微分参数

微分是什么?微分反映的是变化趋势!例如,以 10 ms 为间隔,如果前一个误差采样值是 error1,而当前的误差采样值为 error2。注意,这里说的是误差采样值,而不是传感器采样值,传感器采样值需要经过若干处理后才能得到误差值。误差实际就是 diviation 值。

我们先来想象一下智能车是如何运行的:

如果智能车偏左了,智能车就会驱动两个电机带动左右轮往右转,直到偏差为 0 为止。注意,智能车运行是有惯性的,包括转弯等也是需要时间的,往往我们需要智能车直道往前跑时,它并不是立即纠正过来的,往往会运行直到超过中线,此时往往已经右偏了。

如果智能车发现自己右偏了,则智能车又会向左转,直到偏差为 0 为止,但这样又会偏到左边去。就这样,智能车就在中线附近扭来扭去,影响了运行速度,流畅度和美观性不足。

在上节的分段调节中,越接近中线,k_p 越小,这已经有了纠正过偏的意图,但还不够。毕竟过偏还是存在的,而且分段的存在也使得调节不够连续。

有经验的司机在爬坡时,当汽车临近坡顶时,坡度往往变缓,司机会有意识地提前松一下油门,因为司机明白:越接近坡顶,同样油门下汽车速度越接近平路时速度,尽管此时汽车爬坡速度仍然小于平路速度,但一旦到达坡顶,下坡时速度过快又需要踩刹车了。所以,一旦感觉到汽车有加速的趋势时,就要提前松油门才能达到较好的控制效果,等到完全相同时再控制已经晚了。根据这个理论,如果 |error2|<|error1|,而且两者同为正数或同为负数,这说明什么问题?这说明智能车比上次采样时更接近了中线位置,即偏移比原来小了。

试想一下,纯粹的 P(比例)调节,只要还没有达到中线就一定会进行反向调节,直到超过为止,再反向调整,所以才有了在中线附近扭来扭去的想象。现在将微分参数加入,即让(error2-error1)的值也参与运算,并且设一个参数 k_d,让(k_p×error2+k_d×(error2-error1))来代替原来的控制量(diviation×k_p)。这样调节作用既与当前的偏移量 error2 相关,也与(error2-error1)相关,控制就从单纯的 P(比例)控制过渡到了 PD(比例+微分)控制了。

关键是,如何得到 error1 和 error2? error2 即为当前的偏移量 diviation,每次计算出 diviation 后,直接赋值给 error2 即可,即(error2=diviation)。error1 是上次的偏差值,显然需要将上次的偏差值保存下来,每次运算完毕后,只要让(error1=error2)即可。

还有,如何控制采样周期?实际上智能车的程序是一直循环运行的,如果运行得太快,那么 error1 和 error2 几乎没有什么区别!您能想象到几个微秒时间内智能车能跑多少吗？以 1 m/s 的速度计算，10 μs 大约对应着 0.01 mm，这么小的距离，k_d 即使再大，也起不到太大作用！

这个采样周期问题，在我们只使用 k_p 参数时并不明显，因为只要有误差就会进行调节，跟周期大小关系不大。一旦采用 k_d 和 k_p 共同作用，采样周期就变得很重要。一般来说，采样周期不能太大，太大就失去调节的意义了；但也不能太小，太小了调节也不明显，跟只有 k_p 调节没什么区别。一般而言，智能车调节周期不小于 1 ms，具体参数要根据车速和现场调试情况而定。

10.7 本讲小结

本讲主要介绍了 ArduBlock 的来历及使用方法，包括其编程界面中的工具区、积木区和编程区。通过使用积木模式搭建一个 LED 的点亮和熄灭程序，详细介绍了积木编程的基本步骤和编程要点，让读者可以尽快入门。在此基础上，讨论了智能车通用检测内容、四轮车和三轮车整体程序的编写以及参数的调节等内容。

附录 A

U‑ADO‑F10X 系列智能车套件介绍

U‑ADO‑F10X 系列智能车套件包含 U‑ADO‑F101 智能车套件及 U‑ADO‑F102 智能车套件两款产品，其主控芯片均为 Arduino 单片机。Arduino 单片机是一款便捷灵活、方便上手的开源硬件产品，具有丰富的接口，可拓展性极高，且可进行图像化编程，操作简单易懂，更适合于初学者。

U‑ADO‑F101 智能车为四轮车，其转向通过舵机及后轮差速来完成，如图 A‑1 所示。U‑ADO‑F102 智能车为三轮车，其两个前轮由一个全向轮代替，转向由两个后轮的差速来完成，结构更加简洁，如图 A‑2 所示。

图 A‑1　U‑ADO‑F101 型车模

图 A‑2　U‑ADO‑F102 型车模

两款智能车套件的购买网店为 https://shop429291778.taobao.com/? spm=2013.1.0.0.af8339f05M7U5k，网店二维码如下：

附录 B

U-ADO-F101 智能车组装说明

B.1 所需零部件

U-ADO-F101 智能车组装所需清单如图 B-1 及 B-2 所示。

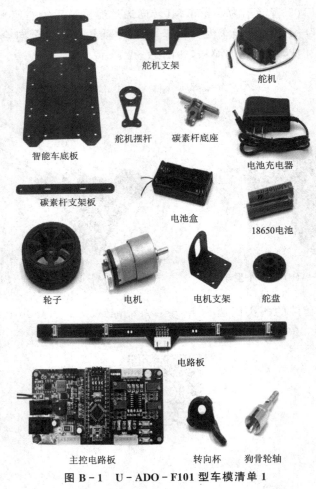

图 B-1 U-ADO-F101 型车模清单 1

U-ADO-F101 智能车组装说明

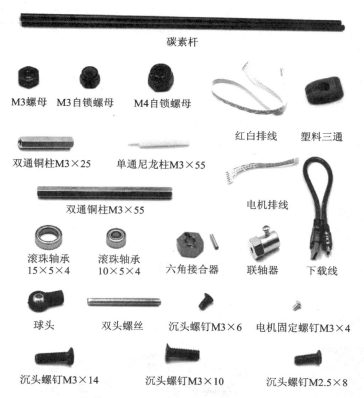

图 B-2 U-STM-F101 型车模清单 2

B.2 零部件清单

零部件清单如表 B-1 所列。

表 B-1 零部件清单

名 称	数 量	名 称	数 量	名 称	数 量
智能车底板	1	18650电池	2	M3×14 沉头螺钉	10
舵机支架	1	电池充电器	1	M3×6 沉头螺钉	3
舵机(含舵盘)	1	主控电路板	1	M3×10 沉头螺钉	40
舵机摆杆	1	电磁传感器电路板	1	M2.5×8 沉头螺钉	5
转向杯	2	碳素杆支架板	2	M3 自锁螺母	5
滚珠轴承 φ10	2	碳素杆底座	4	M4 自锁螺母	3
滚珠轴承 φ15	2	电机	2	M3 螺母	32

续表 B-1

名称	数量	名称	数量	名称	数量
狗骨轮轴	2	电机支架	2	40 cm 红白排线	1
六角结合器	2	碳素杆	2	10 cm 电机排线	2
联轴器(带螺丝顶丝)	2	M3×25 双通铜柱	6	塑料三通	2
轮子	4	M3×55 双通铜柱	2	电池盒	1
球头	4	M3×15 单通尼龙柱	4	工具(螺丝刀+套筒)	1
双头螺柱	2	M3×4 电机固定螺钉	16	下载器	1

B.3 装配说明

B.3.1 舵机及固定铜柱安装说明

所需零部件:舵机×1、舵机支架×1、M3×10 螺钉×6、M3 螺母×6、M3×25 双通铜柱×4,如图 B-3 所示。

图 B-3 舵机安装零件

安装步骤如下:

① 将 4 个 M3×10 螺钉、4 个 M3 螺母分别安装到舵机 4 个固定孔处(注意螺钉朝向),如图 B-4 所示。

图 B-4 舵机固定螺丝安装

② 将舵机安装到舵机固定板，并用铜柱及螺母固定（注意舵机与舵机固定板的安装方向），如图 B-5 所示。

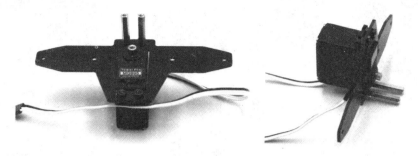

图 B-5　舵机支架安装

③ 用螺钉将铜柱固定于舵机固定板中间内侧固定孔处，如图 B-6 所示。

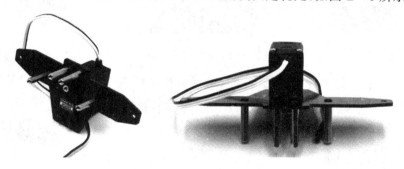

图 B-6　舵机支架安装

B.3.2　转向装置安装说明

所需零部件：上一步装配完成舵机×1、舵盘×1、舵机摆杆×1、球头×4、双头螺栓×2、M3×10 沉头螺钉×3、M3×14 沉头螺钉×4、M2.5×8 沉头螺钉×4、M3 螺母×2、M3 防松螺母×4、M4 防松螺母×2、M3×25 双通铜柱×4、轮子×2、转向杯×2、狗骨轴承×2、φ10 滚珠轴承×2、φ15 滚珠轴承×2、六角结合器×2、底板×1。

安装步骤如下：

① 用 M3×10 沉头螺钉及 M3 螺母将舵机摆杆固定于舵盘上（注意安装方向），如图 B-7 所示。

② 将舵机调到中值位置（该舵机为 180°舵机，中值位置即舵机 90°位置，因电路板出厂时都下载有检测程序，因此将舵机接到电路板相应位置，打开电路板开关后，舵机所保持的转角位置即舵机的中值位置，在接舵机时注意正负，舵机黑色引线对应负极）后，用 M3×10 螺钉将舵盘固定于舵机上（舵机摇杆窄侧朝下），如图 B-8 所示。

图 B-7　舵盘安装

图 B-8　舵机支架总装

③ 将球头和球头拉杆装配到一起（两球头孔距约为 45 mm 为宜，具体距离（前轮内倾角）根据需要调整），如图 B-9 所示。

图 B-9　连杆安装

④ 用 M3×14 沉头螺钉、M3 防松螺母将装配好的球头拉杆与舵机摆杆固定在一起（注意球头与舵机摆杆的上下位置，防松螺母在拧紧的过程中比较难拧，但一定要将其拧到底），如图 B-10 所示。

图 B-10　舵机总装

⑤ 用 M3×10 的沉头螺钉将装配好的舵机固定于底板上，如图 B-11 所示。

图 B-11　舵机总装

⑥ 将 φ10 滚珠轴承及 φ15 滚珠轴承分别安装到转向杯相应位置，如图 B-12 所示。

图 B-12　转向杯轴承安装

⑦ 将转向杯、狗骨轴承、六角结合器（先将销子插入狗骨轮轴）、轮子、M4 防松螺母依次装配到一起，（备注：当 M4 防松螺母拧紧后会出现轮子转不动的情况，此时将 M4 防松螺母稍松开一些即可，在 M4 防松螺母没有拧紧前小心六角结合器的销子掉出来，防松螺母在拧紧过程中比较难拧，但一定要将其拧到合适位置。在安装六角集合器时，若发现六角接合器安装困难可更换新六角接合器进行安装，以免造成轮子转动不顺畅的情况）如图 B-13 所示。

图 B-13　前轮安装

⑧ 用 4 个 M2.5×8 的沉头螺钉将转向杯固定于底板及舵机支架之间，从而完成轮胎与车身的连接，如图 B-14 所示。

⑨ 用 M3×14 沉头螺钉及 M3 防松螺母将球头和转向杯固定起来（注意螺钉朝向及球头和转向杯的上下关系），如图 B-15 所示。

十天学会智能车——基于 Arduino

图 B-14 前轮安装

图 B-15 前轮安装

B.3.3 驱动装置安装说明

所需零部件:电机×2、电机支架×2、M3×4 螺栓×12、M3×10 沉头螺钉×8、M3 螺母×8、轮子×2、联轴器×2。

① 用 M3×10 沉头螺钉及 M3 螺母将电机支架固定于底板上(注意电机支架与底板的上下关系),如图 B-16 所示。

② 用 M3×4 螺钉(白色)将电机固定到电机支架上(安装电机时注意电机轴的位置,电机轴靠近底板为正确的固定方式),如图 B-17 所示。

图 B-16 电机支架安装

图 B-17 电机安装

③ 将联轴器固定电机轴上(拧紧联轴器径向螺钉),如图 B-18 所示。

④ 联轴器轴向的螺钉拧下并用此螺钉将轮子固定于联轴器上,如图 B-19 所示。

图 B-18 电机联轴器安装

图 B-19 后轮轮胎安装

B.3.4 电池盒及电路板安装说明

所需零部件：M3×6 沉头螺钉×2、M3 螺母×6、M3×15 单通尼龙柱×4、电池盒×1、18650 电池×2、电路板×1。

① 用 M3×6 沉头螺钉将电池盒固定于底板上（注意螺钉朝向），如图 B-20 所示。

图 B-20 电池盒安装

② 将电池安装到电池盒内（注意电池正负极，最好在电池装入电池盒之前将电池盒引线与电路板焊接好，防止电池装入后电池盒正负引线接触短路）。

③ 用 M3×15 单通尼龙柱 M3 螺母及 M3×10 沉头螺钉将电路板固定于底板上（注意电路板安装方向，开关位于左下角为正确安装方向），如图 B-21 所示。

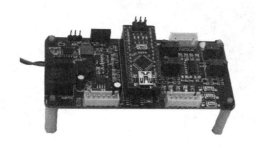

图 B-21 电路板固定于底板

B.3.5 电磁传感器电路板安装说明

所需零部件:碳素杆支架板×2、碳素杆底座×2 碳素杆×2、M3×10 沉头螺钉×12、M3×55 双通铜柱×4。

① 将碳素杆底座拼装完整,如图 B-22 所示。

② 用 M3×10 沉头螺钉及 M3 螺母将碳素杆底座、碳素杆固定板及 M3×55 双通铜柱固定在一起,如图 B-23 所示。

③ 用 M3×10 沉头螺钉将安装好的碳素杆支架分别固定于底板中部及前部,如图 B-24 所示。

图 B-22 碳素杆底座组装

图 B-23 电磁传感器支架安装

图 B-24 电磁传感器支架安装

④ 将碳素杆固定于装配好的碳素杆底座上,如图 B-25 所示。

图 B-25 电磁传感器支架安装

⑤ 用塑料三通、M3×14 沉头螺钉及 M3 螺母将电磁传感器固定于碳素杆上,如图 B-26 所示。

图 B-26　电磁传感器安装

B.3.6　接线说明

按照电路板接口说明，将装配好的智能小车电机线、舵机线及电磁传感器电路板排线连接到智能小车主控电路板上。样品如图 B-27 所示。

图 B-27　整车效果图

保证 U-X-F101 智能车机械部分稳定的首要前提是严格按照装配说明进行装配。

B.4　电路板接口说明

电路板接口说明如图 B-28 所示。

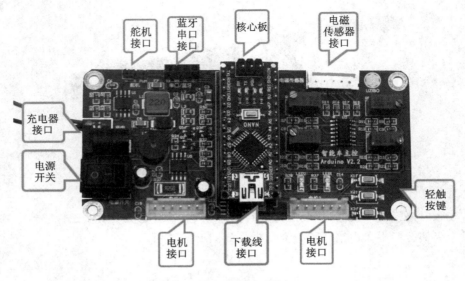

图 B-28 电路板接口图

B.5 组装注意事项

① 组装过程中所有步骤需要的螺钉、螺母等零部件一定要严格按照装配说明所规定的型号。

② 仔细阅读装配说明,装配过程中不要漏掉步骤。

③ 在装配过程中一定要特别注意螺钉等零部件的朝向及各零部件的上下配合位置关系。

④ 装配过程中所有螺钉螺母一定要拧紧或拧到装配说明所要求的位置。

⑤ 在装配电路板时,最好配戴手套或防静电装置,严禁裸手直接触碰电路板芯片。

⑥ 在装配过程中或调试过程中要尽量避免水、钥匙、下载线金属头等导体触碰到智能车电路板,防止发生短路现象。

附录 C

U-ADO-F101 智能车用户手册与常见问题

C.1 参数说明

参数说明如表 C-1 所列。

表 C-1 整车参数说明

项 目	说 明
工作温度	-15~60 ℃
充电器参数	输出:8.4 V,1 A
电池参数	3.7 V,8 800 mwh
电机参数	额定电压 12 V,额定扭矩 0.5 kg·cm,减速比 10:1,输出空载转速 1 500 rpm,编码器精度 130 线
舵机参数	工作电压:4.8~6 V 可转角度 180° 扭矩:13 kg·cm(6 V)
整车尺寸	23.6 cm×18.5 cm(不包含电磁传感器和支架)

C.2 使用注意事项

① 舵机需要按照主板标注进行接线,黑色线为舵机地线,需要接到主板标注"-"的引脚,切记不要接反,接反可能导致舵机损坏;
② 蓝牙或无线串口模块接到主板时请注意引脚顺序;
③ 安装锂电池时请按照电池盒底部说明进行安装;
④ 请勿使用其他充电器进行充电;
⑤ 电池电压低于 7.3 V 后电机驱动能力会大幅下降,须及时对电池充电。

C.3　常见问题解答

C.3.1　锂电池维护问题

智能车套件所用电池应注意使用时每节电压不要低于 2.75 V，一旦低于则锂电池可能损坏，无法进行下一次充电。一般两节电池串联使用时低于 7.3 V 后就应该及时充电，测量电池电压可以采用万用表电压档测量的方式，也可以使用主板上的电源电压采集电路通过单片机采集并发送在串口上。

C.3.2　丝杆与球头断开

智能车组装好后进行运行调试时，有些同学可能会出现图 C-1 的情况，转向连杆部分的球头与丝杆经常断开。出现这种情况的常见原因是丝杆两头旋进球头的长度差别很大，导致一端旋进球头很少，这样球头与丝杆连接处就会经常断开。

图 C-1　跑车过程中丝杆与球头断开

解决方法是，在将丝杆拧进球头时，应注意左右球头拧进去的圈数是差不多一致的，并且拧到两球头孔间距大约为 45 mm，防止球头与丝杆松脱，如图 C-2 所示。

图 C-2　两球头间距最佳为 45 mm

C.3.3　电机轴与联轴器松脱

智能车在跑车调试时可能出现后轮甩掉的现象，一般是电机轴与联轴器之间的径向固定螺丝变松，如图 C-3 所示。

图 C-3 跑车过程中联轴器与电机轴松脱

联轴器与电机轴固定时,一定要将联轴器径向固定螺钉在电机轴平面方向拧紧。可将拧紧后的联轴器螺钉加少许热熔胶防松,或在拧紧联轴器径向固定螺钉前加少许厌氧胶以达到防松的目的。

C.3.4 调整舵机中值

舵盘的安装最好让摆臂向左与向右的摆动幅度相同,可以采用以下方式调试:

① 用 Servo 例程,将程序下载到单片机后打开小车电源开关,这时舵机会自动转到 90°的位置。如果此时舵盘不在中央位置,可以将舵盘取下,重新安装至中央位置,如图 C-4 所示。若调整过程中舵机转向过大导致前轮卡死,须及时关闭电源查找原因,舵机卡死易导致舵机损坏。

② 若无法将舵盘安装至 90°位置,则可以改变智能车程序内舵机初始化的数据,直至使舵盘居中,记录这个数据。调车时使用这个数据作为舵机的中值即可。

图 C-4 舵机舵盘与摆臂的安装

C.3.5 小车轨迹会偏

有些同学发现调整好舵机中值后,在跑道中进行寻迹时,小车轨迹会偏,如图 C-5 所示,不在赛道中间跑,这个问题不是舵机中值调得不好,是传感器数据左右不对称造成的。

解决方法:

(1) 调整电位器旋钮(如图 C-6)

图中有 4 个可调电位器,决定了传感器的放大倍数。方法为:循环不断读取 4 个传感器值,并分别将 L1、L2、L3、L4 放置于赛道正上方,看 4 路传感器读出的值是否基本接近,若差别较大,应该调节对应的可调电位器,让 4 路传感器值在位于赛道正上方时基本相同。

十天学会智能车——基于 Arduino

图 C-5　小车轨迹偏

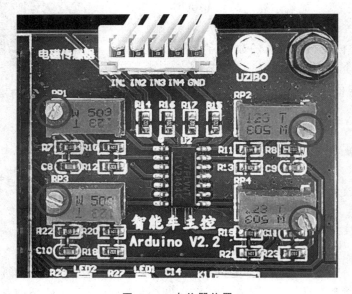

图 C-6　电位器位置

（2）归一化算法

数据归一化的目的是将所有电感 A/D 转化的结果归一化到了一个统一的量纲，其值只与传感器的高度和小车的偏移位置有关，与电流的大小和传感器内部差异无关。归一化包括传感器标定与数据归一化。传感器的标定就是获取传感器转换结果的最值过程，主要是为了数值归一化做准备，在单片机上电之后左右晃动车模，采集每个电感的最大值与最小值。

归一化公式为：

$$\text{value} = \frac{\text{AD} - \text{MIN}}{\text{MAX} - \text{MIN}} \times K$$

归一化例程：

```
Sensor_to_one[0] = (float)(SensorAD1 - MinValue[0])/(float)(MaxValue[0] - MinValue[0]);
Sensor_to_one[1] = (float)(SensorAD2 - MinValue[1])/(float)(MaxValue[1] - MinValue[1]);
Sensor_to_one[2] = (float)(SensorAD3 - MinValue[2])/(float)(MaxValue[2] - MinValue[2]);
Sensor_to_one[3] = (float)(SensorAD4 - MinValue[3])/(float)(MaxValue[3] - MinValue[3]);
for(i = 0;i<4;i++)
{
    if(Sensor_to_one[i]< = 0.0)
    {
        Sensor_to_one[i] = 0.001;
    }
    if(Sensor_to_one[i]>1.0)
    {
        Sensor_to_one[i] = 1.0;
    }
    FinalAD_value[i] = 100 * Sensor_to_one[i];   //AD[i]归一化后的值,0~100 之间
}
```

C.3.6 两个电机转速不一致

由于电机内部的结构、减速器齿轮的差异，电机转速不一致是正常的。若电机有无法转动或速度无法通过控制改变的现象，须及时联系我们处理。此外，电池电压低也可能导致两电机转速差距过大。

左右电机速度不统一的问题可以通过程序解决。速度闭环控制可以使两轮转速统一，若电机没有闭环控制，则可以通过改变两路电机的 PWM 达到一致。

PID 控制：比例（Proportion）、积分（Integration）、微分（Differentiation）控制的简称，是一种负反馈闭环控制。反馈调节是在一个系统中，系统的输出作为反馈信息，调节系统的工作，这种调节方式叫反馈调节。根据反馈对输出产生影响的性质，可区分为正反馈和负反馈，前者增强系统的输出，后者减弱系统的输出。

附录 D

U–ADO–F102 智能车组装说明

D.1 零部件外观

U–ADO–F102 型车模零部件外观如图 D–1 和图 D–2 所示。

图 D–1　U–ADO–F102 型车模零部件外观 1

U-ADO-F102 智能车组装说明

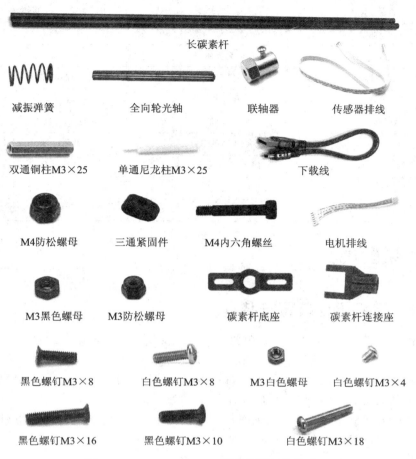

图 D-2 U-ADO-F102 型车模零部件外观 2

D.2 零部件清单

零部件清单如表 D-1 所列。

表 D-1 零部件清单

名 称	数 量	名 称	数 量	名 称	数 量
底板	1	电机	2	电机支架	2
后轮	2	联轴器（带螺丝顶丝）	2	M3×25 单通尼龙柱	4
电池盒	1	主控电路板	1	M3×25 双通铜柱	2
碳素杆支架板	1	蓝色碳素杆底座	2	蓝色碳素杆连接座	4
三通紧固件	8	全向轮	1	全向轮固定座	2

续表 D-1

名　称	数　量	名　称	数　量	名　称	数　量
轴承	2	全向轮光轴	1	减振弹簧	5
M4 内六角螺丝	4	M4 防松螺母	5	电磁传感器电路板	1
短碳素杆	2	长碳素杆	2	传感器排线	1
电机排线	2	18650 电池	2	电池充电器	1
下载线	1	M3×10 黑色螺钉	22	M3 黑色螺母	18
M3×4 银色螺钉	14	M3×8 黑色螺钉	3	M3 防松螺母	3
M3 银色螺母	24	M3×18 银色螺钉	8	M3×8 银色螺钉	12
M3×16 黑色螺钉	5	垫片	3		

D.3　装配说明

D.3.1　电机驱动装置安装

所需元器件：智能车底板×1、电机×2、电机支架×2、联轴器×2、后轮×2、M3×10 黑色螺钉×8、M3 黑色螺母×8、M3×8 白色螺钉×12。

① 用 M3×10 黑色螺钉及 M3 螺母将电机支架固定于底板上（注意，电机支架是在底板下面固定，螺母在底板上面），如图 D-3 所示。

② 用 M3×8 白色螺钉将电机固定到电机支架上（安装电机时注意电机轴的位置，电机轴靠近底板为正确的固定方式），如图 D-4 所示。

图 D-3　电机支架安装

图 D-4　电机安装

③ 将联轴器固定电机轴上（拧紧联轴器径向螺钉，注意，电机轴有一个平面，联轴器径向螺钉要顶在电机轴平面上），如图 D-5 所示。

④ 联轴器轴向的螺钉拧下，并用此螺钉将轮子固定于联轴器上，如图 D-6 所示。

图 D-5 联轴器安装　　　　　　图 D-6 固定轮子

D.3.2　电池盒及电路板安装

所需零部件：电池盒×1、18650电池×2、主控电路板×1、尼龙柱×4、M3×8黑色螺钉×2、M3银色螺母×4、M3防松螺母×2、M3×10黑色螺钉×4。

① 用 M3×8 黑色螺钉与 M3 防松螺母将电池盒固定于底板上(注意螺钉朝向)，电池盒线注意在左侧，尼龙柱使用 M3×10 的黑色螺钉固定在底盘上，如图 D-7 所示。

② 将电池安装到电池盒内(注意电池与电池盒正负极，正负极在电池表皮和电池盒上有标注)，如图 D-8 所示。

图 D-7 电池盒安装　　　　　　图 D-8 电池安装方式

③ 电路板放置于 4 个尼龙柱上(注意电路板安装方向，开关位于左下角为正确安装方向)，并用 m3 的银色螺母拧紧，如图 D-9 所示。

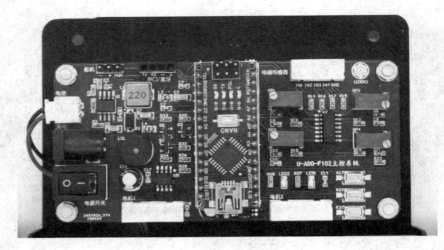

图 D-9　电路板安装

D.3.3　电磁传感器支架板安装

所需元器件：碳素杆支架板×1、碳素杆底座×2、短碳素杆×2、M3×25 双通铜柱×2、碳素杆连接座×4、三通紧固件×2、M3×18 银色螺钉×2、M3×10 黑色螺钉×6、M3 银色螺母×8、M3×8 的银色螺钉×6、M3 黑色螺母×2。

①将短碳素杆两端装上连接座，连接座接碳素杆的地方用 M3×8 的银色螺钉紧固，连接座一端与一个三通紧固件相连，并在相连处用 M3×18 的银色螺钉与银色螺母紧固。由于后续装长碳素杆时需要调整，所以连接座的紧固螺钉不用特别紧，如图 D-10 所示。

图 D-10　连接座与连接杆

② 组装两个图 D-10 所示的结构件，将组装好的连接件固定在如图 D-11 所示位置。

③ 将蓝色碳素杆底座用两个 M3×10 黑色螺钉固定在碳素杆支架板上，如图 D-12 所示，并将支架板使用 M3×10 黑色螺钉固定在上一步的铜柱上方。

图 D-11　固定连接杆

图 D-12　碳素杆底座安装

D.3.4　全向轮安装

所需零部件：全向轮×1、全向轮光轴×1、轴承×2、垫片×2、全向轮固定座×2、内六角螺丝×4、减震弹簧×4、M4 防松螺母×4。

① 将全向轮轴心两边各装一个轴承，轴承要用力塞到全向轮轴底部，光轴穿过轴承的中心孔，让左右两端伸出距离大致相等，如图 D-13 所示。

图 D-13　全向轮组装

② 将两个垫片分别穿进光轴左右侧，并将全向轮固定座安装在光轴两侧，光轴需要用力塞到固定座底部，如图 D-14 所示。

③ 将图 D-14 所示装好的全向轮到底板前部方口处，使固定座的 4 个安装孔对

准底板上4个安装孔,用内六角螺丝从底板下向上穿进固定座安装孔中,如图 D-15 所示。

图 D-14 全向轮固定座

图 D-15 全向轮与底板固定

④ 内六角螺丝装上减振弹簧后用 M4 防松螺母紧固,初次安装可以先让内六角螺丝旋出防松螺母2毫米左右的距离,之后可根据调车情况进行调节。将4个内六角螺丝都依次装好,如图 D-16 所示。

图 D-16 防松螺母固定

D.3.5 电磁传感器及其支架安装

所需零部件:长碳素杆×2、三通紧固件×6、电磁传感器×1、M3×16 黑色螺钉×4、M3 黑色螺母×4、M3×18 银色螺钉×4、M3 银色螺母×8、M3×8 的银色螺钉×4。

①将长碳素杆装上三通紧固件后分别与碳素杆底座与碳素杆连接座固定,如图 D-17 所示。

图 D-17 传感器支架安装

② 用三通紧固件、M3×16 黑色螺钉及 M3 螺母将电磁传感器固定于碳素杆上，固定好后传感器的正面与背面如图 D-18 所示。

图 D-18 传感器板固定

D.3.6 接　线

① 将传感器排线一端与传感器接口相连，另一端接到电路板上的传感器接口，如图 D-19 所示。

② 将电机排线一端插在电路板上的电机接口上，另一端接在电机电路板上的接口，如图 D-20 所示，电池线按照图中位置接插。

图 D-19 传感器连接线

图 D-20 电机排线连接

D.3.7 整车效果图

组装好的三轮智能车如图 D-21 所示。

图 D-21 组装好的三轮智能车

D.4 电路板接口说明

电路板引脚说明如图 D-22 所示。注意，务必按照电路板标识进行接线及各模块安装。

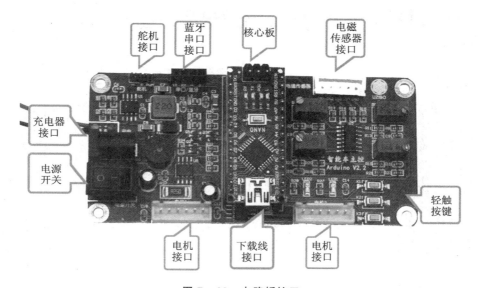

图 D-22 电路板接口

附录 E

U-ADO-F10X 主控板电路图

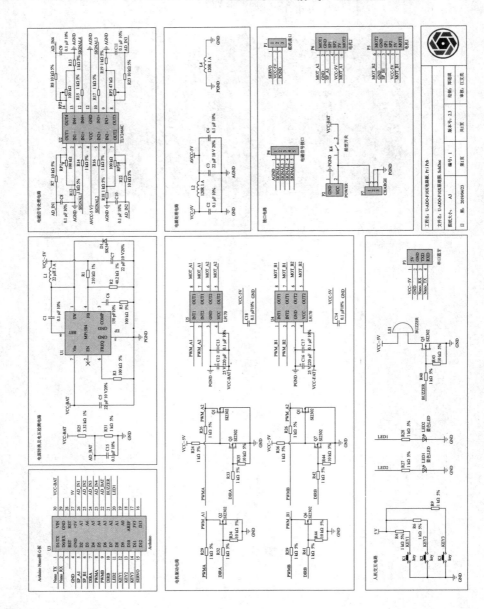

参考文献

[1] 綦声波. 飞思卡尔杯智能车设计与实践[M]. 北京:北京航空航天大学出版社,2015.

[2] 李永华. Arduino案例实战(卷V)[M]. 北京:清华大学出版社,2018.

[3] 宋楠. Arduino开发从零开始学:学电子的都玩这个[M]. 北京:清华大学出版社,2014.

[4] 陈桂友. 单片机应用技术基础[M]. 北京:机械工业出版社. 2015.

[5] Massimo Banzi. Getting Started with Arduino[M].

[6] 李明亮. Arduino开发从入门到实战[M]. 北京:清华大学出版社,2014.

[7] Dale Wheat. Arduino技术内幕[M]. 北京:人民邮电出版社,2013.

[8] 马文蔚. 物理学[M]. 北京:高等教育出版社. 2006.

[9] 张铁山. 汽车测试与控制技术基础[M]. 北京:北京理工大学出版社,2007.

[10] 刘金琨. 先进PID控制MATLAB仿真. 2版. 北京:电子工业出版社,2007.

[11] https://baijiahao.baidu.com/s?id=1591305370605209938.

[12] https://www.arduino.cn/forum.php.